Günter Golliasch

WASSERSTOFF Der Retter unseres "Energiehungers" ? !

Günter Golliasch

WASSERSTOFF
Der Retter unseres "Energiehungers" ? !

Gedanken und Vorschläge zu

Bevölkerungsexplosion !

Umweltverschmutzung !

Energiebedarf !

Energiegewinnung aus Wasser !

Selbstverlag

Esslingen

Libri Books on Demand

Golliasch, Günter :

WASSERSTOFF Der Retter unseres "Energiehungers" ? !

Günter Golliasch. Selbstverlag 2000

ISBN 3 - 8311 - 0315 - 1

Titelbild : Im Hafen von Funchal, Madeira

Rückseite : An der Küste

Fotos und Umschlaggestaltung vom Autor

Selbstverlag, Esslingen 2000

Alle Rechte vorbehalten

ISBN 3 - 8311 - 0315 - 1

Printed in Germany

Themen :

Bevölkerungsexplosion

Schnell zunehmend Umweltverschmutzung

Sprunghaft ansteigender Energiebedarf

Vorschläge zum Energieproblem

Energiegewinnung aus Wasser

Spaltung des Wassers in

Wasser- und Sauerstoff

Verbrennung des Wasserstoffs in Otto-, Diesel- und Turbinenmotoren

"Kalte Verbrennung" in Brennstoffzellen

Inhaltsverzeichnis

	Seite
Vorwort	9
1. Kapitel : Bevölkerungsexplosion	13
1.1 Die Erfolgsstory	13
1.2 Exponentieller Zuwachs	14
1.3 Bestimmung der Stund Null	27
1.4 Einschränkung der Zuwachsrate	43
1.5 Das Gesetz 1 : 1.000.000	61
2. Kapitel : Umweltverschmutzung	63
2.1 Allgemeine Verschmutzung durch Nachlässigkeit und Gewinnstreben und deren Folgen daraus	63
2.2 Vorschläge für die Abfallnutzung	73
3. Kapitel : Energiebedarf	78
3.1 Energieanstieg - Verbrauch von Kohle und Öl	78
3.2 Suche nach neuen Energiequellen	80
4.0 Kapitel : Energiegewinnung aus Wasser bzw. Wasserstoff	84
4.1 Fingerzeige für die Verwendung des Wasserstoffs als Energieträger ?	84
4.2 Kreisläufe	92

4.3 Einsparung von fossilen Rohstoffen 95
4.4 Spaltung (Fission) - Verschmelzung (Fusion) 97
4.5 Arten der Wasserspaltung und Anwendung des 101
Wasserstoffs
4.6 Physikalische Eigenschaften des Wasserstoffs 106
4.7 Berechnung der Wasserstoffmenge in einem Liter
Wasser 107
4.8 Berechnung des Wasserstoffbedarfes eines
mittelgroßen Hubkolbenmotores 111
4.9 Preisvergleich - Benzin - Wasserstoffgas - 115
Flüssigwasserstoff zum Motorenbetrieb
4.10 Spaltung des Wassers durch chemische Reaktion 118
4.11 Spaltung des Wassers mit Gleichstrom 122
4.12 Spaltung des Wassers mit Wärme 124
4.13 Spaltung des Wassers mit Licht 127
4.14. Spaltung des Wassers mit Schall 128

5. Zusammenfassung 129

6. Aussichten und Schlußwort 137

7. Quellennachweis 165

8. Anhang   Presseberichte 179

Vorwort

Vorliegendes Buch beruht zum größten Teil auf meiner Technikerarbeit aus den Jahren 1975/76; es wurde in kleineren Teilen geändert, *größere Abschnitte wurden in Kursiv eingefügt.*

An dem Thema und Medium Wasserstoff bin ich schon lange interessiert. Meine Arbeit schrieb ich über die Wasserspaltung sowie den daraus gewonnenen Wasserstoff zum Antreiben von Verbrennungsmotoren. Bitte berücksichtigen, daß sie aus den Jahren 1975/76 stammt. Einiges daraus ist natürlich jetzt überholt, anderes noch nicht erreicht. Aber einiges, was ich damals schon vorgeschlagen und beschrieben hatte, ist dann doch eingetreten bzw. setzten sich Logik und Einsicht auch bei den Behörden und der Industrie durch. Wie z.B. die getrennte Hausmüllsammlung - - Autos so zu konstruieren und zu bauen, daß sie bei der Abwrackung leicht zu zerlegen und wieder zu verwerten sind.

Für dieses Buch habe ich meine Technikerarbeit mehrfach überarbeitet, dabei neue Erkenntnisse und Berechnungen einfließen lassen und diese als Bemerkungen eingeschoben.

Aus dem Anhang kann man ersehen, daß ich mich mit der Materie Wasserstoff schon lange beschäftige und alles aus Zeitungen und Zeitschriften sammle, was mir zu diesem Thema in die Hände fällt. Ein paar Zeitungsberichte habe ich im Text zitiert und am Schluß abgedruckt.

Durch unsere Masse an Menschen entstand eine Masse an Produktionsstätten, Gütern und leider auch sehr viel Müll. Das alles bedeutet einen großen Verbrauch an Energien. Unsere Vorräte an herkömmlichen Energieträgern wie Kohle und Öl sind aber nicht unerschöpflich. Daher werden heute Wege gesucht, um sich von den fossilen Brennstoffen zu trennen. Doch leider ist die Suche danach noch viel zu zaghaft, denn das Öl ist trotz aller Verteuerungen immer noch billiger. Oder andersherum gesagt, die neuen Energiequellen sind zu teuer, weil noch zu viel Geld für ihre Erforschung aufgewendet werden muß. Wir müssen uns aber auf alle Fälle vom Öl trennen, viele wissen noch, was 1973/74 (der erste Ölschock) los war, als der Ölhahn wirklich nur sehr kurz zugedreht wurde. Und es ist zu erwarten, daß die nächste Ölkriese bestimmt kommen wird, wenn wir nicht alles daran setzen, unabhängig von fremden und fernen Energiequellen zu werden. Andernfalls sitzen wir eines Tages schnell auf dem "Trockenen".

Der Wasserstoff wäre als universal einsetzbarer Energieträger, aus vielerlei Gründen, die ideale Lösung. Doch leider steckt die Forschung und vorallem die Anwendung der Wasserstoff-Technik, bis heute noch, in den "Kinderschuhen".

Deshalb habe ich mir ein paar Gedanken zu diesen Problemen gemacht. Dabei sollen meine Vorschläge nicht etwas Entgültiges sein, sondern vielmehr ein paar Denkanstöße oder Prinzipien aufzeigen, die man beschreiten könnte. Alles andere gilt es in ausgiebigen Versuchen zu erforschen und erproben. Nur ist dies für einen Privatmann soviel wie unmöglich. Selbst Großkonzerne die nur zaghaft daran arbeiten, verschlingen für diese Unterfangen Millionen und Abermillionen an Forschungsgeldern dafür.

Dieses Buch ist über den Umweg einer Abhandlung der Erdbevölkerungsexplosion, sowie das Abfall- und Energieproblem aufgebaut. Weil nicht eines der drei Probleme für sich gesehen werden kann, sondern eines ins andere übergreift oder sogar abhängig davon ist.

1. Bevölkerungsexplosion

1.1 Die Erfolgsstory

Dem Homo sapiens (sprich: Mensch) ist es gelungen, nach zig Jahrtausenden harten, entbehrungsreichen Existenzkampfes sich entscheidend zu behaupten. In seinem Kampf ums Überleben und die Sicherung des Fortbestandes seiner Art war er immer vom Aussterben bedroht, und zwar durch hohe Säuglingssterblichkeit, Krankheit, Seuchen, Hunger, Witterung, Tiere, Insekten, Bakterien und vor allem Kriege. --- Aber in den letzten zwei Jahrhunderten ist ihm der grandiose Sieg über die erwähnten Schwierigkeiten gelungen. Dank der verbesserten Landwirtschaft, technischen Erfindungen und großer Entdeckungen in Naturwissenschaft und Medizin.

Ja es geht sogar so weit, daß wir durch diese Errungenschaften heute zu erfolgreich geworden sind, so daß wir heute nicht mehr vom Aussterben, sondern von der Überbevölkerung bedroht werden. Somit schlug das Schicksalspendel der Menschheit von einem Extrem in das andere um.

1.2 Exponentieller Zuwachs

Bis zum 15. Jahrhundert n. Chr. stieg die Erdbevölkerung nur unbedeutend an, danach ging es aber immer schneller, und die Zunahme der Erdbevölkerung hat heute schon ein beängstigendes Ausmaß erreicht. Die Bevölkerungszahl nimmt nicht linear zu, sondern verläuft exponentiell, und genau in dieser Zunahme steckt sehr viel Trügerisches, so daß man sich dabei gewaltig verschätzen kann. Weil am Anfang nur sehr kleine Wachstumsraten auftreten, die aber nach einer gewissen Zeit schnell astronomische Ausmaße erreichen.

Fast jeder kennt wohl die Geschichte vom Schachbrett und dem Reiskorn, das von Feld zu Feld jeweils verdoppelt wird. Der Sage nach soll der König, dem das Spiel so gut gefiel, dem Erfinder einen Wunsch gewährt haben. Dieser äußerte ihn wie folgt: Er wolle für das erste Feld nur ein Korn, für das zweite zwei Körner, das dritte vier Körner, das vierte acht Körner usw. usf. also jeweils die doppelte Anzahl von Körnern wie im Vorfeld, bis zum 64. Feld. Der König lachte über diesen vermeintlich einfachen Wunsch. Es ist nur nicht überliefert, ob er auch dann noch lachte, als er das Endergebnis erfuhr. Denn welch unvorstellbare Zahl als Endglied und dann noch die Summe aller Glieder zusammengezählt herauskommt, zeigt hier der exponentielle Zuwachs sehr eindringlich.

Berechnung des letzten Feldes nach der endlichen geometrischen Reihe:

a = Anfangsglied = 1
q = Quotient = 2
n = Anzahl der Glieder = 64
z = n-tes Glied (letztes Glied) = ?

$$z = a * q^{n-1}$$

$$z = 1 * 2^{64-1}$$

$$z = 1 * 2^{63}$$

$$z = 9{,}223 * 10^{18} \text{ Körner}$$

Diese phantastische Zahl entspricht einer neun mit 18 Stellen 9.223.372.036.854.780.000 oder anders ausgedrückt 9 Trillionen, 223 Billiarden, 372 Billionen, 36 Milliarden, 854 Millionen und 780tausend Reiskörner.

Schachbrett

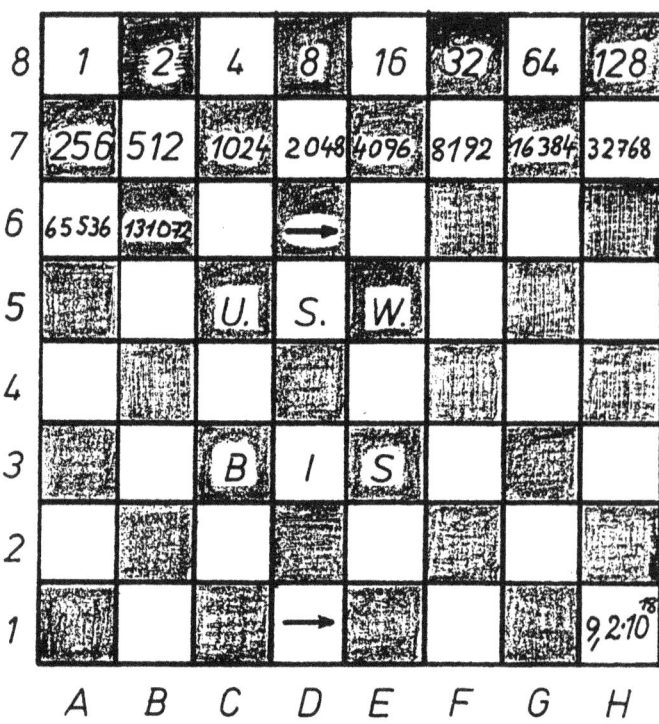

Berechnung der Summe aller 64 Felder nach der geometrischen Reihe von n Gliedern.

a = Anfangsglied = 1
q = Quotient = 2
n = Anzahl der Glieder = 64
s = Summe der geometrischen Reihe von n Gliedern = ?

$$s = a \frac{q^n - 1}{q - 1}$$

$$s = a \frac{2^{64} - 1}{2 - 1}$$

$$s = 1 \frac{1{,}844 * 10^{19} - 1}{1} = 1{,}844 * 10^{19}$$

= 18.446.744.073.709.600.000

= 18 Trillionen, 446 Billiarden, 744 Billionen, 73 Milliarden, 709 Millionen und 600tausend Reiskörner ist die Gesamtsumme.

Man kann mit Größenordnungen solcher Zahlen zwar rechnen, aber sich nichts mehr darunter vorstellen. Deshalb folgende Beispiele zur Verdeutlichung. Das erste ist die Berechnung des Gewichtes der Körner.

Ein Reispaket mit 500g Inhalt hat ein Volumen von
17cm * 3 cm * 12 cm = 612 cm^3
1 cm^3 enthält 42 Körner
folglich enthalten 612 cm^3 * 42 Körner/cm^3 =
25.704 Körner und 1 kg = 51.408 Körner.

Diese Riesensumme an Körnern umgerechnet auf das Gewicht ergibt dann das folgende Ergebnis :

$$\text{Gewicht} = \frac{\text{Anzahl der Körner}}{\text{Körner / kg}}$$

$$G = \frac{1,845 * 10^{19} \text{ Körner}}{51.408 \text{ Körner / kg}} = 3,588 * 10^{14} \text{ kg}$$

$G = 3,588 * 10^{11}$ t

$G = 358.830.222.300$ t

$G = 358$ Milliarden, 830 Millionen, 222tausend und dreihundert Tonnen

Aber auch dieses Ergebnis ist immer noch unvorstellbar. Nächste Möglichkeit : Wie viele Güterwagen würde diese Menge von Reiskörnern füllen und welche Wegstrecke würde dafür benötigt werden?

Das vorher angesprochenes 500 g Reispacket hat ein Volumen von 612 cm^3, folglich nehmen 2 Pakete mit 1 kg das Volumen von 1224 cm^3 (= 0,001224 m^3 / kg) ein.

Ein Güterwaggon hat ein Fassungsvermögen von 71,3 m^3
71,3 m^3 dividiert durch 0,001224 m^3 / kg ergeben
58.251,634 kg oder rund 58,25 t / Waggon.

Die vorherige ausgerechnete Gesamttonnage von 358.830.222.300 t dividiert durch 58,25 t / Waggon ergibt 6.173.909.395 Eisenbahnwaggons. Selbst diese große Anzahl von Waggons ist immer noch schwer vorstellbar.
Ein Güterwaggon hat eine Gesamtlänge von 14,04 m
6.173.909.395 Waggons mal 14,04 m ergeben
86.681.687.910 m oder rund 86.881.688 km.

Die mittlere Entfernung von der Erde zur Sonne beträgt 149,6 Mill. km d.h. 86,88 Mill. km / 149,6 Mill. km = 0,58 . Das entspricht ca. der halben Entfernung von der Erde zur Sonne.
Die mittlere Entfernung Erde zum Mond beträgt 384.400km ; 86.881.688 km / 384.400 km = 226 . Das würde einem Güterzug entsprechen, der 226mal die Entfernung von der Erde zum Mond überwinden würde.

Anderes Beispiel: Die Getreideernte, d.h. alle Körnerarten zusammengenommen, betrug 1985/86 in der Europäischen Union 160.431.000 t.
358.830.222.300 t dividiert durch 160.431.000 t / Jahr ergeben somit rund 2.237 Jahre. Der König hätte also erstens ein großes Reich und zweitens ein langes Leben benötigt um den Wunsch des Schachspiel Erfinders erfüllen zu können.

Nächstes Beispiel: Wie groß müßte ein Würfel bzw. eine Seitenlänge sein, um all diese Körner aufnehmen zu können?

Gesamtgewicht der Körner * Volumina zweier Reispakete, die einem kg entsprechen. (0,001224 m^3 pro kg)

$$V_{ges.} = G_{ges} * \frac{V}{kg}$$

$V_{ges.} = 3,588 * 10^{14}$ kg $* 0,001224$ m^3/kg

$V_{ges.} = 4,392 * 10^{11}$ m^3 $= 439,171$ km^3

Seitenlänge a = dritte Wurzel aus V_{ges}

a = $\sqrt[3]{439,171 \text{ km}^3}$ = 7,6 km

Das entspräche der Seitenlänge eines Würfels von 7,6 km.

Als letztes rechnerisches Beispiel folgt : Wie hoch würde diese Reiskörnermenge unsere Erde bedecken ?

Die Erdoberfläche aller Kontinente und Inseln beträgt 135.781.000 km^2

$$V = A * h \quad \text{(nur Annäherungsformel)}$$

$$h = \frac{V}{A} = \frac{439{,}171 \text{ km}^3}{135.781.000 \text{ km}^2} = 0{,}00000323 \text{ km}$$

h = 3,2 mm

Danach wäre die ganze Erdoberfläche mit einer 3,2 mm hohen Reisschicht bedeckt, dabei würde Reiskorn an Reiskorn nebeneinander liegen.

In einem französischem Kinderreim wird dieser exponentielle Zuwachs wie folgt verdeutlicht:

In einem Gartenteich wächst eine Wasserlilie heran, die jeden Tag auf die doppelte Größe des Vortages wächst. Innerhalb von dreißig Tagen kann sie den ganzen See bedecken und alle anderen Pflanzen vernichten. Aber ehe sie nicht mindestens die Hälfte der Wasserfläche einnimmt, erscheint ihr Wachstum nicht beängstigend, es gibt ja noch genug Platz, ja selbst am neunundzwanzigsten Tag ist noch die Hälfte des Sees frei und niemand denkt daran, sie zurückzuschneiden. Aber schon am nächsten Tag ist die Katastrophe da, der See ist nämlich zugewachsen.

Exponentielles Wachstum ist durch eine bestimmte Verdoppelungszeit gekennzeichnet. Das ist diejenige Zeitspanne, in der die Größe auf das jeweils Doppelte des vorhergehenden Wertes ansteigt. Im Falle der Lilie in dem französischen Kinderreim beträgt die Verdoppelungszeit einen Tag.

Aber bei uns Menschen ist es noch drastischer, weil wir unsere Verdoppelung in immer kürzerer Zeit schaffen - sozusagen eine superexponentielle Verdoppelung.

Zu Christi Geburt betrug die Weltbevölkerung erst 250 Millionen Einwohner und bis dahin hat es fast 2 Millionen Jahre gedauert.

Bis zum Jahre 1650 n. Chr. stieg die Erdbevölkerung auf 500 Mill. an, also dauerte diese Verdoppelung nur 1650 Jahre.

Dann benötigten wir nur noch 180 Jahre bis zur nächsten Verdoppelung auf eine Milliarde Menschen im Jahre 1830.

Nur weitere 100 Jahre, um auf 2 Milliarden Erdenbürger (1930) anzuwachsen.

Wieder weitere 45 Jahre, um auf 4 Milliarden Personen im Jahre 1975 zu kommen.

Die nächste Verdoppelung auf 8 Mrd. Menschen wird in 30 Jahren erwartet, also im Jahre 2005.

Im nachfolgendem Schaubild sieht man, wie gewaltig diese Explosion der Menschheit ist, selbst der Zweite Weltkrieg, der 55 Millionen Menschen das Leben kostete, ließ keine Spur in dieser Kurve zurück.

Exponentieller Zuwachs der Weltbevölkerung

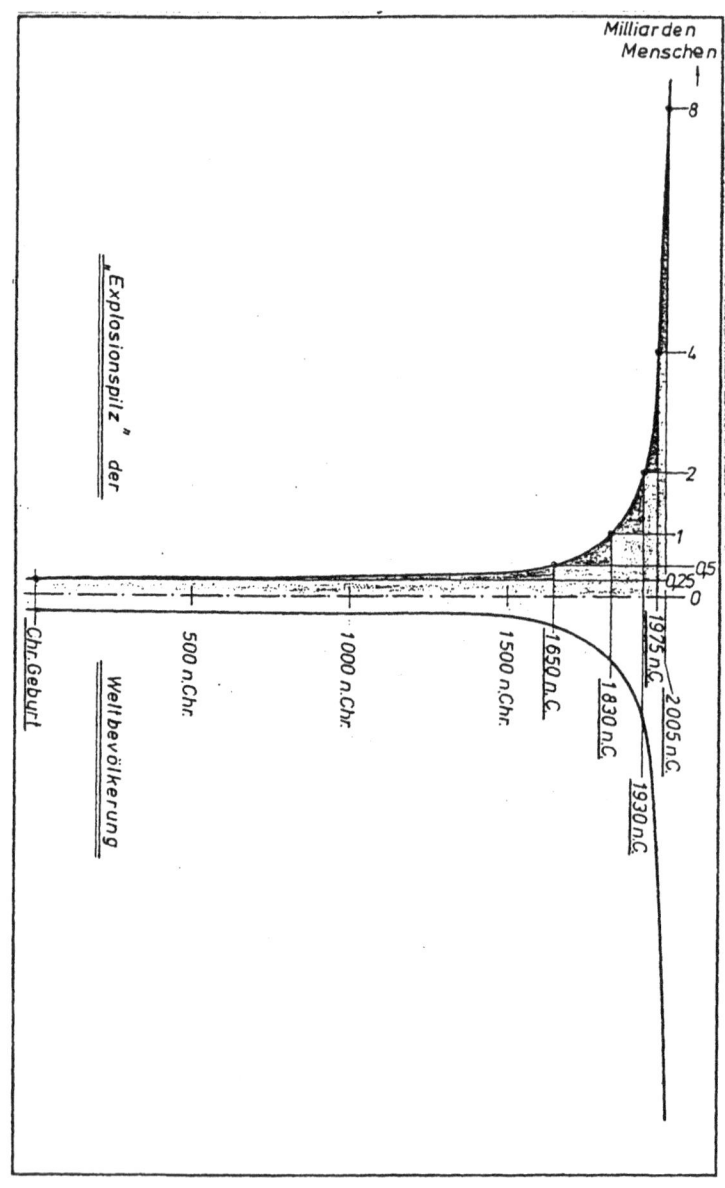

Wenn die derzeitige Wachstumsrate weitere 900 Jahre anhielte, so würde die Erdoberfläche mit 100 Menschen pro m^2 besetzt sein, d.h. die Leute müßten 40m hoch gestapelt werden. - Im Gegensatz dazu die heutige Situation : Die ganze Menschheit - rein rechnerisch natürlich - würde auf die Oberfläche des Bodensees (mit 539 km^2) passen, wenn man mit 8 Personen pro km^2 rechnet.
(Weltbevölkerung = 539.000.000 m^2 mal 8 Pers. / m^2)
(Weltbevölkerung = 4,312 Millarden Menschen)

Aber was sind schon 900 Jahre in der Geschichte der Menschheit ? Sicher nicht viel. Für einen normalen Sterblichen ist es aber mehr als das 10fache seiner Lebenserwartung und es kommt einem weiß Gott wie lange und entfernt vor. Wenn wir aber nur 900 Jahre in unserer Geschichte zurückdenken, so kommen wir ungefähr in die Zeit des ersten Kreuzzuges. Also nicht sehr weit, in geschichtlichen Zeiträumen gedacht. In der Botanik gibt es mehr als eine Pflanzenart, die dieses Alter erreicht und manche Bäume übertreffen diesen Zeitraum sogar um das mehrfache. Wie Eiche, Mammut-, Drachen- und der Affenbrotbaum (Baobab), letzterer kann bis zu 4.000 Jahre alt werden. Er war also zu Christi Geburt schon ein alter Baum und in seiner "Jugendzeit" entstanden die Ägyptischen Pyramiden.

Bei irgendeinem Anlaß kamen wir einmal in der Schule auf das Thema Bevölkerungsexplosion zu sprechen. Den schon etwas älteren Lehrer störte das Wort Explosion sehr, denn er sagte : "So ein dummes Wort, da explodiert doch nichts." Doch heute könnte ich ihm entgegenhalten, daß das Wort den Nagel haargenau auf den Kopf trifft. Denn wir alle sitzen zusammen schon lange auf einer Zeitbombe, die unaufhaltsam tickt und tickt, und niemand weiß genau, wann sie einmal hochgehen wird.

Einschub vom Frühjahr 2000
Mit den Verteilungskämpfen um die Rohstoffe wird heutzutage an der Lunte zur Explosion schon gezündelt. Als Kuwait 1990 vom Irak besetzt wurde, sind die USA 1991 in Kuwait einmarschiert um sich nicht vom Erdöl abschneiden zu lassen. Die Gegner des Desert-Storm-Krieges gaben damals die treffende Losung aus "kein Blut für Öl". 1995, als die Serben zuerst Kroatien und später auch Bosnien besetzten, hatte es Amerika nicht so eilig mit dem Eingreifen gehabt, denn es gab für sie keine wichtigen Rohstoffe zu verteidigen. Erst im Kosovo und weil sich auch Europa mehr interessiert zeigte, machte die USA mit. (Zum Jahreswechsel 1999/2000) kämpfte die russische Armee in Tschetschenien, angeblich gegen Banditen und Terroristen, aber in Wirklichkeit gegen den aufkommenden

Willen zur Unabhängigkeit der Völker im Süden des Landes. Aber vor allem geht es um die Erdölquellen, die dort liegen, und die Rußland nicht verlieren will.

1.3 Bestimmung der Stunde Null

In allen Büchern und anderen Veröffentlichungen kann man von der rasanten Zunahme der Weltbevölkerung lesen. Auch wird diese Zunahme sehr oft in Kurven dargestellt, nur sind die alle nach oben offen, und das kann nicht sein, denn irgendwo muß es ein Ende geben. So wie die Welt, bzw. bewohnbare Kontinente und Inseln nicht unendlich sind, so kann die Erdbevölkerung auch nicht ins Unendliche wachsen. Es waren nirgends Berechnungen zu finden, die ein Ergebnis für eine Überbevölkerungszahl angegeben hätten. Wahrscheinlich standen sie vor demselben Problem wie ich, denn es gibt mehrere Unbekannte in solch einer Rechnung. Aber bis zu einem gewissen Wahrscheinlichkeitsgrad müßte man den Punkt dieser Katastrophe der Überbevölkerung doch ausrechnen können, was ich mit nachfolgender Rechnung und Graphik versuchte. Um die unbekannten Größen zu umgehen, habe ich mich auf geschätzte Werte gestützt.

Zum Beispiel die höchstzulässige Bevölkerungsdichte pro km^2, denn diese bezog ich mit 1.000 Personen/km^2 in meine Rechnung ein. Das bedeutet, daß die Erde pro km^2 ca. viermal so dicht besiedelt wäre, wie es die alte Bundesrepublik Deutschland mit 248 Menschen/km^2 von 1976 war. So glaube ich, daß die angenommene Zahl von 1.000 Personen pro km^2 als absolute Obergrenze ganz akzeptabel und plausibel ist, denn es gibt auch unbewohnbare Gebiete wie Seen, Flüsse, Berge, Wüsten usw.

In der nachfolgenden Berechnung ist natürlich immer die Ausgangslage von 1976/77 zugrundegelegt, d.h. die damalige Zuwachsrate der Bevölkerung, und somit sind auch keine größeren Natur-, Hunger-, Kriegskatastrophen und Folgen berücksichtigt.

Bei angenommenen 1.000 Personen/km^2 dürfte die Erdbevölkerung dann auf 135,8 Mrd. Menschen anwachsen.
(Erdoberfläche aller Kontinente u. Inseln 135,7*10^6 km^2)
(135.781.000 km^2 mal 1.000 Pers./km^2 = 135.781*10^6 P)
Somit kann man die Anzahl der Verdoppelungen nach der geometrischen Reihe ausrechnen, die wir uns noch erlauben können.

$a = 4{,}1 * 10^9$ Personen (heute bzw. 1975)

$z = 1{,}35781 * 10^{11}$ Personen (in der Zukunft)

$q = 2$ Verdoppelung

$n = ?$ Anzahl der Verdoppelungen gesucht

$$z = a * q^{n-1}$$

Formel nach n umgestellt.

$a * q^{n-1} = z$

$q^{n-1} = z/a$

$(\log q)\, n - 1 = \log(z/a)$

$n - 1 = \dfrac{\log(z/a)}{\log q}$

$$n = \dfrac{\log(z/a)}{\log q} + 1$$

$n = \dfrac{\log(1{,}36 * 10^{11} / 4{,}1 * 10^9)}{\log 2} + 1$

$n = \dfrac{1{,}5}{0{,}3} + 1$

$\underline{n = 6}$

Wir sind also nur noch 6 Verdoppelungen von dieser unheimlichen Bevölkerungsdichte entfernt. Wie man auf nachfolgender Graphik sehen kann, ist sie sogar schon so nahe, daß mancher Bürger, der heute geboren wird, dies noch erleben könnte. Denn die Überbevölkerung ist nach dieser Berechnung und graphischen Lösung nur noch rund 80 - 100 Jahre entfernt.

Man wagt es kaum zu glauben, daß uns die Wellen der Überbevölkerung schon so bald über dem Kopf zusammenschlagen sollen, so unfaßbar ist das Ganze.

Wie immer man rechnet und wie hoch man die Bevölkerungsdichte auch immer annimmt, bis spätestens zum Ende des 21.Jahrhunderts wird wohl der kritische Punkt der Überbevölkerung erreicht sein, wenn wir nicht jetzt Anfang des beginnenden Jahrhunders die Weichen richtig stellen. Wenn man auch die angenommene Durchschnittszahl von 1.000 Personen / km^2 erhöht, so wird zwar die Zeit etwas verlängert, aber weit über das 22. Jahrhundert kommt man nicht hinaus. Es gehen heute die Spekulationen dahin, daß durch die laufenden Industrialisierung der weltweite Bevölkerungszuwachs zurückgehen wird - so wie es zur Zeit in den modernen Industriestaaten schon der Fall ist - aber bis heute wächst die Erdbevölkerung noch täglich um 223.000 Personen an.

Schicksalskurve der Menschheit

Weltbevölkerung im Schnitt pro km²

Chr. G.	1650	1830	1930	1975	2005	2029	2049	2066	2078
	1,8	3,7	7,4	14,8	29,6	59,3?	118?	237?	474?	948?

(Unmaßstäblich - Orginal ist auf DIN A 2 gezeichnet)

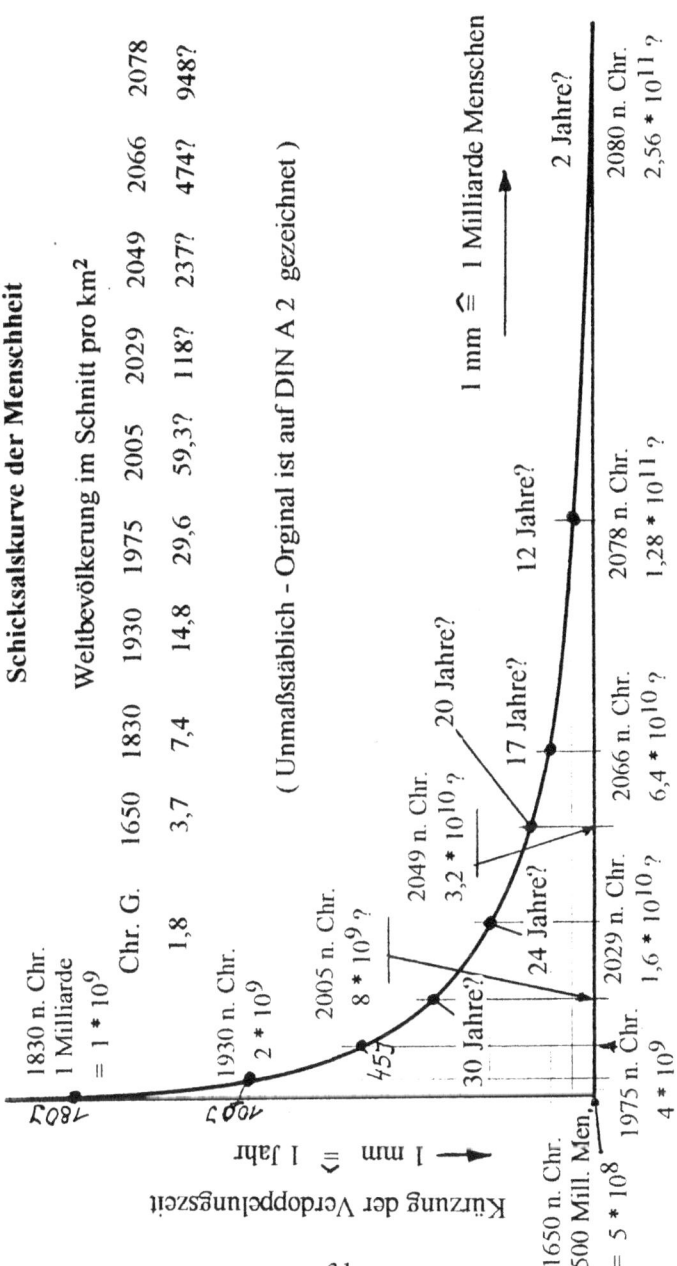

Meldung in der Eßlinger Zeitung vom Freitag 29.12.1995

Wachstum der Erdbevölkerung auf Rekordhöhe

Washington (AP) - Der Zuwachs der Weltbevölkerung hat in diesem Jahr eine neue Rekordhöhe erreicht. Die Zahl der Menschen auf der Erde wuchs um 100 Millionen auf 5,75 Milliarden, wie das private Bevölkerungsinstitut in Washington mitteilte. Werner Fornos, der den Jahresbericht des Instituts vorstellte, nannte es besonders beunruhigend, daß 90% des Wachstums auf arme Länder entfallen, die ohnehin von Bürgerkrieg, sozialen Unruhen und Mangel am Lebensnotwendigen erschüttert seien. Fornos stellte in Aussicht, daß mit konsequent betriebener Familienpolitik bis zum Jahre 2015 die Weltbevölkerung um acht Milliarden Menschen stabilisiert werden könne. Gelinge das nicht, so warnte er, werde die Weltbevölkerung in den nächsten zwanzig Jahren auf 14 Milliarden Menschen steigen. Von der Bevölkerungspolitik hänge es ab, ob im 21. Jahrhundert eine bessere Lebensqualität erreicht werde.

Wachstum der Weltbevölkerung

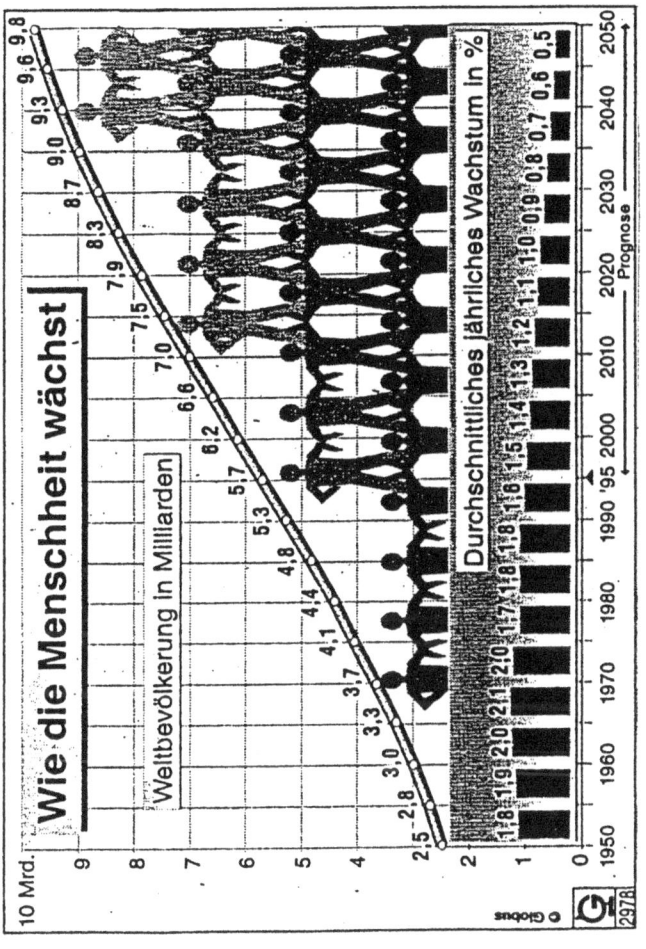

Ergänzung vom Frühjahr/Frühsommer 1999

Das Wachstum der Weltbevölkerung hat mich immer beschäftigt. Als ich damals meine Technikerarbeit geschrieben habe, habe ich meine Voraussage über die "Wachstumsexplosion" rechnerisch und zeichnerisch kombiniert gelöst. Später bin ich aber darauf gekommen, daß man die Aufgabe viel leichter und genauer mit einer Bankzinseszinsrechnung lösen kann.
(Wobei diese auch eine geometrische Reihenrechnung ist.)
Die Formel dafür lautet :

$$\boxed{S = K * q^n}$$

$S = Summe \qquad K = Kapital,$

$q = Zinsfaktor \qquad n = Anlagezeit \qquad p = Zinssatz$

$q = 1 + (p / 100)$

Für die Berechnung auf das Wachstum der Menschheit übertragen steht für das Kapital die Anfangsbevölkerungszahl (von 1975) mit dem neuen Zeichen ABZ und für die Summe die zu erwartende Bevölkerung in der Zukunft, q steht für den prozentualen Bevölkerungszuwachs und n für die Jahre.

Für die Berechnung der gesuchten Jahre muß die Formel nach n umgestellt werden :

$$S = ABZ * q^n$$

$ABZ * q^n = S$

$q^n = S/ABZ$

$(\log q) * n = \log(S/ABZ)$

$$n = \log(S/ABZ) / (\log q)$$

Jetzt gibt es nur noch zwei Probleme, nämlich die Personenzahl, die durchschnittlich pro km^2 möglich wäre, und die prozentuale Wachstumsrate. Über diese Wachstumsrate sind sich die Schreiber in der veröffentlichten Literatur auch nicht einig. 1975 wurde bis zum Jahr 2005 eine Wachstumsrate von 2,3% vorausgesagt. 1999 lag laut EZ diese jetzt auf einmal nur noch bei 1,6% und für die Zukunft soll sie sogar noch weiter auf nur ein Prozent fallen. Doch diese Prognose halte ich für reichlich optimistisch.

Aber nichtsdestotrotz, will ich mit diesen Prozentzahlen meine Rechnung von 1975 wiederholen und nachrechnen, um zu sehen, wie sich diese veränderte Zahlen auf die Dauer der Jahre auswirken.

Erdbevölkerung 1975 = $4*10^9$ Personen, bei 1.000 Personen pro km^2 ergibt das eine Erdbevölkerung von = $1,36*10^{11}$ Menschen

$S = 1,36*10^{11}$ $ABZ = 4*10^9$ $p = 2,3\%$

$q = 1 + (p/100) = 1 + (2,3/100) = 1,023$

$$\boxed{n = log(S/ABZ)/(log\ q)}$$

$n = log(136/4)/(log\ 1,023)$

$n = 1,531 / 0,009875$

$n = 155$ Jahre

<u>*1975 + 155 ergibt das Jahr 2130*</u>

mit p = 1,6% werden daraus

n = 222 Jahre, also 1975 + 222 ergibt das Jahr 2197

mit p = 1% werden daraus

n = 354 Jahre, also 1975 + 354 ergibt das Jahr 2329

Im Jahr 1975 lag die durchschnittlichliche Weltbevölkerung bei ca. 30 Personen pro km^2. Meine damalige Annahme von 1.000 Pers./km^2 als Höchstgrenze war wahrscheinlich doch etwas zu hoch gegriffen. Wenn ich also die 30 Pers./km^2 um das 20fache erhöhe, so erhalte ich 600 Pers./km^2 Das ergibt eine Weltbevölkerung von $8,15 * 10^{10}$ Personen, und das sind wahrscheinlich schon mehr als unsere Erde verkraften kann.

Mit dieser neuen Annahme von 600 Pers./km^2 als Höchstzahl wiederhole ich vorige Rechnungen, um zu sehen, wie sich diese Differenz auf die Jahre bemerkbar macht. ($S = 8,15 * 10^{10}$) ($ABZ = 4 *10^9$)

n = log (81,5 / 4) / log 1,023

n = 1,309 / 0,009875

n = 132 Jahre

1975 + 132 ergibt somit das Jahr 2107

mit q = 1,6%

n = 190 Jahre

1975 + 190 ergibt somit das Jahr 2165

mit q = 1%

n = 303 Jahre

1975 + 303 ergibt somit das Jahr 2278

Wie man sieht, kann man rechnen, wie man will, und verschiedene Bevölkerungsdichten annehmen, am Endergebnis ändert sich nicht allzuviel. Womit sich meine Aussage von damals bestätigt. Egal, ob wir "nur" 132 Jahre oder "sogar" 354 Jahre von dieser Katastrophe entfernt sind. Im Laufe der Menschheitsgeschichte von 2 Mill. Jahren fallen diese paar Jahre kaum ins Gewicht.

So schön und einleuchtend auf der einen Seite solche Berechnungen auch sind, sie müssen natürlich nicht eintreffen, denn es können noch viele und vor allem unvorhersehbare Ereignisse eintreten. Aber ein Grund zum Nachdenken über solch eine Brisanz sollten sie auf alle Fälle sein.

Die andere Seite ist die: Im vorletzten Jahrhundert hat ein findiger Brite überlegt und ausgerechnet, wenn der Pferdeverkehr in Londons Straßen die nächsten 100 Jahre weiter so zunähme wie bisher, so würden die Straßen von London unter einem 30m hohen "Pferdeäpfelberg" versinken. Daß es dazu nicht kam, lag am nicht vorherzusehenden Siegeszug der Technik und an der rasanten Entwicklung des Automobils. Dieses Beispiel zeigt, wie leicht man sich mit Voraussagen und Zukunftsberech-

nungen auch vertun kann.

Zusatz vom Frühjahr 2000

Was bei den ganzen Berechnungen und Überlegungen bis jetzt noch nicht berücksichtigt wurde, ist das Beschäftigungsproblem. Womit sollen all diese vielen Menschen einmal ihren Lebensunterhalt verdienen ? Vor allem, da immer mehr und bessere automatische Maschinen die Produktivität von Tag zu Tag steigern und dadurch immer mehr Leute ersetzen. Wer soll all die vielen schönen Produkte noch kaufen können, wenn eines Tages die Maschinen und Automaten alleine arbeiten und die Menschen auf der Straße stehen? So wie zur Zeit die Zusammenschlüsse, "Übernahmeschlachten" und letztlich die "Fusionitis" grassiert - sich immer mehr Banken, Großfirmen und Konzerne zusammenschließen und einen Großteil der Belegschaft "freisetzen", wird es bald keine normale Beschäftigte mehr geben; sondern nur noch millionenschwere Manager, die viel Geld scheffeln und wenig davon ausgeben. Und was dann ? ? ?

Dazu paßt die folgende Meldung in der Eßlinger Zeitung vom 18. März 2000

Arbeitslosigkeit droht weltweit anzusteigen

Hannover (korr) - Die globale Arbeitslosigkeit droht nach einer neuen Studie der Deutschen Stiftung Weltbevölkerung in den kommenden Jahrzehnten rapide anzuwachsen. In den nächsten zehn Jahren müßten allein weltweit über 400 Millionen neue Arbeitsplätze geschaffen werden, um nur den gegenwärtigen Stand von Arbeitslosigkeit und Unterbeschäftigung zu halten, sagte der Geschäftsführer, Hans Fleisch, gestern in Hannover auf einer gemeinsamen Tagung mit der Konrad-Adenauer-Stiftung.

Durch das Bevölkerungswachstum in den Entwicklungsländern würden dort bis 2010 jährlich zwischen 40 und 45 Millionen Menschen zusätzlich eine Arbeit suchen.

In den Industrieländern insgesamt wird die Zahl der Erwerbspersonen nach der Untersuchung dagegen annähernd

gleich bleiben. Die Studie prognostiziert bis zum Jahr 2050 sogar ein weltweites Anwachsen der Erwerbsbevölkerung um 1,7 Milliarden Menschen. Die Möglichkeiten, für diese Arbeitssuchenden auch Arbeitsplätze zu schaffen, beurteilt Carl Haub in Hannover pessimistisch. Der Wissenschaftler verlangt stattdessen, das Bevölkerungswachstum zu stoppen.
(Nur wie sagte er leider nicht ? Vorschläge ?)

Meldung in der Eßlinger Zeitung vom 29. Juni 2000
Dax-Vorstände verdienen im Schnitt 2,5 Mill DM /Jahr
Gehälter seit 1997 um 40 Prozent gestiegen -
Gesamter DaimlerChrysler-Vorstand kommt auf 108 Mill. DM im Jahr, für 17 Führungskräfte, das sind 6,35 Mill. DM pro Kopf. Dabei gibt es zwischen den einzelnen Konzernen große Unterschiede. Kaum ein Vorstand verdiene aber weniger als eine Million Mark. An der Spitze lagen demnach die Vorstände der Deutschen Bank, die mit durchschnittlich 8,4 Millionen Mark, mehr als dreimal soviel einstrichen wie zwei Jahre zuvor. Die drei Lufthansa-Vorstände kämen dagegen zusammen "nur" auf 3,8Millionen Mark.
(Die einen streichen die Millionen ein, die andern Millionen streichen ohne Verdienst auf der Straße herum).

1.4 Einschränkung der Zuwachsrate

Es gibt nur eine Lösung für dieses große anstehende Problem und die heißt, daß der Nachwuchs, insbesondere in der 3. Welt, drastisch eingeschränkt werden muß. Aber selbst diese Maßnahme würde wahrscheinlich bereits um 100 Jahre zu spät kommen.

Dieser Vorschlag ist zwar schnell und leicht geschrieben, in die Tat umzusetzen allerdings um einiges schwerer, weil er auf viele Widerstände stößt. Als erstes ist wohl an den biologischen Zwang zu denken, der die Erhaltung und Vermehrung der Art zur Aufgabe hat
Dazu kommt noch die große Unwissenheit in den Entwicklungsländern sowie die Altersabsicherung in einigen Ländern, die dort von den Kindern getragen werden muß, weshalb man versucht sich mit einer möglichst großen Kinderschar möglichst gut abzusichern. Deshalb ist die Geburtenrate in diesen Ländern besonders groß, während in den Industriestaaten sie schon eingeschränkt und zum Teil sogar rückläufig ist.
Das kommt wohl daher, daß jeder einen besseren Lebensstandard erreichen will, für nichts mehr Zeit hat und somit vieles auf der "Strecke" bleibt, sogar der Kindersegen.

Eine Einschränkung würde auch vermehrt auf Widerstand in den Reihen der Politik stoßen. Denn welcher Staatsmann würde schon ernsthaft dafür eintreten und von seiner eigener Volksgruppe und seinem Volk eine Einschränkung des Nachwuchses fordern? Eher das Gegenteil wäre denkbar, denn jedes Volk oder besser gesagt ihre Herrscher wollen ein großes und starkes Volk haben. Aber wie so oft im Leben, stoßen wir auch hier auf das St.-Florian-Prinzip, sollen doch die anderen ran. Damit wird dieses Problem zwischen den Ländern und Völkern hin und her geschoben, keiner will den Anfang machen und für eine freiwillige Selbstbeschränkung plädieren.

Im Gegenteil, seit die Geburten in der Bundesrepublik Deutschland (1975/76) rückläufig sind, jammern die Politiker schon wieder, zwar zum Teil mit Recht, aber wirklich nur zum Teil. Denn wer zahlt die Rente der nächsten Generation, wenn kein Nachwuchs da ist ? Aber andererseits sind 60 Millionen Einwohner für so ein kleines Land wie die Bundesrepublik wirklich genug. Wir brauchen keine Zuwachsrate von 1,5 % oder gar 2 % ! Wenn unsere Einwohnerzahl gleich bleibt, oder diese auch nur leicht zurückgeht, so muß das doch für die Erhaltung des Volkes der Bundesrepublik ausreichen.

Ein weiterer Grund für den Widerstandes gegen die Beschränkung eines Volkes über Generationen hinweg liegt wohl tief verwurzelt in unserer seit Jahrhunderten christlich geprägten Kultur. In der Bibel steht : "Seid fruchtbar und mehret Euch." Dieser vor langer langer Zeit geschrieben Satz, galt damals vollkommen zu Recht. Aber in der Zwischenzeit sind wir als Gattung so erfolgreich im Überlebenskampf geworden, daß dies nicht mehr im volle Umfang gelten kann.

Aber selbst Staatsmänner und Staats Oberhäupter legen auf ein großes Volk viel Wert, denn viele Leute unter sich zu haben bedeutet auch viel Macht zu haben.

Auch die katholische Kirche kann oder will nicht einsehen, auf welche Katastrophe wir da immer schneller zutreiben. Ansonsten könnte sie sich nicht wieder, wie so oft in ihrer Vergangenheit, sich gegen das Rad der Zeit stemmen und mit aller Macht die Anti-Baby-Pille verbieten wollen. *Papst Johannes Paul II. hält eisern bis heute (dem Jahre 2000) an diesem Dogma fest.*
Es sollen wohl lieber viele Kinder geboren werden, die anschließend an den Folgen der schwierigen und schlechten Bedingungen sterben müssen

- speziell der Schwarze Kontinent ist davon betroffen - statt weniger Kinder zu zeugen, die dann in einigermaßen geordneten Verhältnisse aufwachsen können.

Wenn man die Geschichte der katholischen Kirche zurückverfolgt, so kann man feststellen, daß sie im Laufe der Zeit immer wieder einen scheinbar unumstößlichen Grundsatz nach dem anderen aufgeben mußte, an dem sie zuvor so krampfhaft festgehalten hatte. Sie ging sogar so weit, daß sie die Leute verfolgte und verurteilte, die zu einer anderen Feststellung kamen, und es gar wagten, diese andere Erkenntnis zu verkünden und zu verbreiten, als sie von der kath. Kirche gelehrt wurde. Die Inquisition im 12. bis zum 18. Jahrhundert ist so ein grausames Beispiel dafür, mit Verfolgung, Folter, Hexenverbrennungen und anderen schlimmen "Strafen" an vielen unschuldige Opfer.

Denken wir dabei nur an die Behauptung des Ptolemäus, daß die Erde eine Scheibe und der Mittelpunkt des Universums sei. Dieser falscher Lehrsatz wurde von der kath. Kirche übernommen und galt viele Jahrhunderte als unumstößlicher Glaubenssatz und offizielle Lehrmeinung. Aber wie lange dauerte es, bis nach zig Jahren die kath. Kirche endlich einsehen mußte, daß dem nicht so ist ? Kopernikus und Galilei wagten es deshalb erst im hohen Alter - aus Angst vor Repressalien seitens der Kirche - mit ihren Berechnungen und logischen Überlegungen ans Licht der Öffentlichkeit zu treten. Und prompt bekamen beide große Schwierigkeiten mit der Kirche. Galilei z.B. wurde verurteilt, bekam jahrelangen Hausarrest, und mußte seine Erkenntnisse widerrufen. (> Eppur si muove <)

Heute wissen wir, daß unsere Erde nur ein Staubkorn, nahezu ein Nichts in der Unermeßlichkeit von Weite, Zeit und Raum im Weltall ist. Die Kirche hat nichts aus ihrer Geschichte gelernt.

Sie stemmt sich heute wie früher gegen das Rad der Zeit. Sie mißachtet die Entwicklung, übergeht neue Erkenntnisse, hält nicht Schritt mit dem Wechsel der Zeit, den Errungenschaften durch Forschung und Wissenschaft.

Ohne die Kirche als Hemmschuh wären wir heute sehr wahrscheinlich in unserer Entwicklung um etliche Jahre weiter und hätten somit vielleicht schon manche Probleme gelöst, vor denen wir heute stehen.

Deshalb glaube ich, daß wahrscheinlich keine 30 Jahre oder auch weniger vergehen werden, bis die Kirche auch hier einlenken muß und die Anti-Baby-Pille (oder auch andere) Mittel erlauben wird.

Zwischenbemerkung vom Frühjahr/Frühsommer 1999

Galileo Galilei wurde erst im Jahre 1992 von der katholischen Kirche rehabilitiert, also sage und schreibe 350 Jahre nach seinem Tode.

D. h. daß meine damalige Annahme, welche die Anti-Baby-Pille betreffen, von der kath. Kirche in den nächsten 30 Jahren akzeptiert wird, weit-weit verfehlt war. Wenn es für diese Einsicht wieder 350 Jahre dauern sollte, könnte es bis dahin wirklich zu spät sein. (Siehe dazu die vorhergehenden Berechnungen zur "explosiven" Zunahme der Weltbevölkerung.)

Es gibt Religionen und Kulturkreise, in welchen nur der männliche Nachwuchs zählt. Oder schlimmer noch, es muß bei manchen Völkern ein Vater mindestens 5 Söhne haben, um angesehen zu sein. Auch bei uns, wenn auch selten, gibt es Paare die nicht eher "Ruhe" geben, bis sie ihren "Kronprinzen" bekommen haben. Und so kommen zwangsläufig auch bei uns mehr Kinder auf die Welt, als gedacht und gewünscht waren.

Dies stammt, wie schon erwähnt, zum Teil mit berechtigtem Hintergrund aus der Vorgeschichte des Menschen, aber es wird höchste Zeit, daß diese alten "Zöpfe" endgültig und baldmöglichst abgeschnitten werden. Es bleibt wirklich nicht mehr viel Zeit, hier noch lange zu zögern und zu überlegen. Es muß schnell und durchgreifend gehandelt werden, denn es gibt in der Natur ein Gesetz, das bestimmt : Was zu gut, zu erfolgreich, zu fruchtbar ist - und damit alle anderen Lebensformen verdrängt, auch diejenigen, von denen es lebt - wird letztlich genauso verlieren und die Schlacht kaum als Gewinner überstehen. (Ein Pyrrhussieg)

Früher bestand zwischen Mensch, Tier und Natur ein besseres Verhältnis. In Zukunft werden wir aber bald allen Lebensraum ausgefüllt haben, so daß Tiere und Pflanzen keinen Platz mehr darin finden, um leben und gedeihen zu können. Schon heute haben wir viele Tierarten ausgerottet und das Aussterben geht unvermindert weiter.

In der normalen freien Natur herrscht ein goldenes Gleichgewicht zwischen den Tieren, da eines immer das andere frißt und so nie eine Gattung überhandnehmen kann. Geschieht dies aber aus irgendeinem Grund doch einmal, so ist dies am Ende ihr eigener sicherer Untergang.

Wenn zum Beispiel in der Savanne zwischen grasfressenden Tieren und Raubkatzen das Gleichgewicht umkippt und die Anzahl der Zebras, Gnus und Antilopen über ein bestimmtes Maß hinaus zunimmt, weil das Raubzeug fehlt, fressen die überzähligen Tiere das Gras ab und trampeln alles nieder, so daß sie am Ende verhungern müssen. Man kann das Beispiel auch umkehren und annehmen, daß die Anzahl der Raubtiere überhand nimmt, weil sie zu erfolgreiche Jäger geworden sind und deshalb keine geeignete Beute mehr finden können, so müssen auch sie verhungern - oder Kannibalen werden.

Der Mensch hat im Laufe seiner langen geschichtlichen Entwicklung so viele große Schwierigkeiten und gefahrvolle Prüfungen bestanden, daß er das Problem der anstehenden Überbevölkerung, mit all seinen bedenklichen Folgen, negativen Auswirkungen und großen Herausforderungen wohl auch meistert.

Den Anfang dazu haben wir ja schon gemacht, indem wir uns langsam aber sicher selbst vergiften. Denken wir dabei nur an unser Trinkwasser, die Luft und das Essen.

Unser Trinkwasser, das aus Flüssen, Seen und Grundwasser gewonnen wird, muß mit immer größerem Aufwand gereinigt werden, weil es zuvor mit immer mehr Abfällen aller Art belastet wurde. In unsere Luft wird immer mehr Dreck gepustet, der irgendwann auch mal wieder auf uns zurückfällt. Unser Essen wird immer mehr mit unerwünschten und ungesunden Zusätzen versetzt. *Das geht heute (im Jahre 2000) sogar so weit, daß wir über den Umweg vom Viehfutter zum Fleisch Antibiotika auf unseren Tellern, ungewollt und ungewußt, serviert bekommen.* Wir essen täglich mehr und mehr Chemikalien, Gifte und Schwermetalle, wobei sich letzteres in unserem Körper immer mehr ansammeln und so zu Vergiftungen aller Art führen kann. Wir müssen also nur so weiterleben, dann brauchen wir uns keine Sorgen wegen einer drohenden Überbevölkerung mehr machen, weil wir uns vorher selbst so dezimieren, daß wir vielleicht bald wieder an den Rand des Aussterbens kommen werden.

So wie es zum Beispiel dem Hochadel der alten Römer gelungen ist, sich selbst auszurotten, weil es damals modern war, Trinkwasserrohre aus Blei zu fertigen und aus Bleigeschirr zu speisen, das natürlich zu Bleivergiftungen u.a. mit der Folge zur Unfruchtbarkeit führte.

Die "alten Römer" benötigten dazu ungefähr 500 Jahre, wir sind heute etwas moderner und nehmen das Blei (in viel größeren Mengen) im gasförmigen Zustand zu uns - und zwar als Bleitetraäthyl, ein Benzinzusatzstoff, der als Antiklopfmittel Verwendung findet - das wir beim Tanken einatmen und anschließend auch beim Fahren über die Abgase unseres "allseits be- und geliebten" Automobils aufnehmen. *(Nun dieser Punkt hat sich zwischenzeitlich auch geändert, durch die flächendeckende Einführung des bleifreien Benzins in Verbindung mit dem Abgas-Katalysator. Ob allerdings das heutige Antiklopfmittel Methyl-Tertiär-Butyl-Ether (MTBE) viel gesünder ist, wage ich zu bezweifeln. Außerdem gilt die Vorschrift für das Bleifreibenzin nur für die USA und die Europäische Gemeinschaft, der Rest der Welt fährt noch mit dem alten mit Bleitetraäthyl versetzten Benzin.)* Zur Desinfizierung unseres Trinkwassers verwenden wir Chlor und Ozon, Chlor und Ozon sind beides giftige Gase. Bleitetraäthyl, Chlor und Ozon verwenden wir aber erst seit rund einer Generation, wiederum eine sehr kurze Zeitspanne im Vergleich zu den "alten Römern". Der sich immer häufiger zeigende Haarausfall bei jungen Männern könnte so ein erstes Anzeichen einer Vergiftungserscheinung sein, weil der Haarwuchs einem sehr empfindlichen Stoffwechsel unterliegt.

Oder was ist Krebs für eine Krankheit? Zwar gab es ihn auch schon früher, aber nicht in solchen vielen Varianten und in diesem weit verbreiteten Umfang. Wird der Krebs durch die vielen Abfall- und Giftstoffe, die wir in vielfältigster Form zu uns nehmen, verursacht? Oder sind die radioaktiven Strahlungen der Atombombenversuche in den 50er und 60er Jahren Schuld daran? Ist Krebs eine Zivilisationskrankheit?

In den letzten 25 Jahren (seit 1975) hat sich leider nicht viel zum Bessern geändert, eher das Gegenteil ist zu befürchten, wenn man so die Meldungen in der Tagespresse verfolgt. Neuesten Berichten zufolge (Anfang des Jahres 2000), wurde Tributylzinn (TBT) in Sportbekleidung, Fischen und Muscheln gefunden. Tributylzinn wird überwiegend als Schutzanstrich gegen Algen und Muschelbewuchs für die Schiffsaußenwand an der Unterwasserlinie eingesetzt. TBT wird auch als Antipilz- und Desinfektionsmittel verwendet. Diese giftige zinnorganische Verbindung kann nach Ansicht von Wissenschaftlern das Immunsystem schädigen. Laut Umweltministerium greift sie auch in den Hormonhaushalt ein. Bei Meeresschnecken ist es in Versuchen schon bei einem Milliardstel-Gramm pro Liter zu Mißbildungen gekommen. Versuche an Zellkul-

turen zeigten, daß Tributylzinn auch auf das Hormonsystem des Menschen wirkt. Eine Gefährdung durch TBT kann an Menschen deshalb nicht ausgeschlossen werden. Auch das Gesundheitsministerium sagt : Neue Untersuchungen zeigen, daß der Stoff schon in geringen Mengen gesundheitsschädlich sein kann.

In England wurde in den vergangenen Jahren Fleischabfälle zu Viehfutter umgearbeitet, das dann an Rinder verfüttert wurde. So wurden die wiederkäuenden Grasfresser zu Kannibalen wider Willen "umfunktioniert". Aber die Rache der Natur ließ nicht lange auf sich warten. Das Vieh erkrankte an Rinderwahnsinn (BSE). Bei dieser Krankheit wird das Gehirn der Tiere zerstört. Bis heute (März 2000) gibt es wöchentlich rund 40 neue BSE-Fälle. Der Rinderwahnsinn (BSE) steht im Verdacht auch auf den Menschen übertragbar zu sein. Beim Menschen heißt das Symptom Creutzfeld-Jakob-Krankheit. Auch diese Krankheit führt zu einer tödlichen krankhaften Veränderung im Gehirn. Mehr als 50 Menschen sind mittlerweile in Großbritannien an dieser neuen Variante der Creutzfeld-Jakob-Krankheit gestorben.

Vor einigen Jahren beherrschte AIDS die Titelseiten in den Medien, diese Krankheit greift das Immunsystem des Menschen an, es sind bis heute viele Opfer zu beklagen. In letzter Zeit machte das Ebola- und Lassa-Fieber Schlagzeilen, das durch den Ferntourismus in Europa eingeschleppt wurde. Diese Fiebererkrankungen führen bei uns aber nur selten zum Tode, anders in Zentralafrika, wo sie viel häufiger vorkommen und mit entsprechend mehr Krankheitsfällen auch zu mehr Toten führt.

Antike Seuchen kehren zurück - wie Cholera, Pocken und sogar die Pest - alte Geiseln der Menscheit, die man schon lange und sicher überwunden zu haben glaubte. So lautet jedenfalls eine Meldung der Weltgesundheitsorganisation (WHO). /// /// ///

Einige vorherige Ausführungen zur Begrenzung der Bevölkerung waren zum Teil ironisch gemeint, andere "Lösungen" kamen ungeplant und vor allem vom Menschen ungewollt hinzu. Ein weiterer unerwünschter, jedenfalls vom Normalbürger unerwünschter "Großversuch" am Menschen wird zur Zeit - gegen alle Widerstände - von der Lebensmittelindustrie mit genetisch veränderten Lebensmitteln (gen-food) durchgeführt. Obwohl kein

Mensch genau weiß oder wissen kann, wie sich diese im Laufe der Jahre und Jahrzehnte auf den menschlichen Organismus auswirken können. Da fragt man sich unwillkürlich, ob die Tragödie in den 60er Jahren mit dem Schlafmittel Contergan schon vergessen wurde?

Viele Forscher, Politiker und Staatsmänner wissen heute über das aufkommende brisante Problem der Überbevölkerung Bescheid, jeder zeichnet die kommenden Probleme nur auf oder gibt sie wieder. Aber keiner wagt es unpopuläre, krasse und einschneidende Alternativen oder gar Lösungen anzubieten und vorzuschlagen.

Es bleibt nämlich nur die eine Möglichkeit offen, daß die Geburtenrate, insbesondere die in den Entwicklungsländern, drastisch gesenkt werden muß. Nur wie, lautet die entscheidende Frage?

Vor einigen Jahren wurde die Frage diskutiert, ob man dem Trinkwasser Fluor, als Vorsorgemaßnahme zur besseren Erhaltung der Zähne, zusetzen soll? Man ist aber wieder davon abgekommen, weil man der Meinung war, daß das Wasser als Lebensmittel erhalten und nicht zu einem Arzneimittel abgeändert werden sollte. Mein Vorschlag zielt trotzdem in dieselbe Richtung. Denn wie wäre es, wenn man dem Trinkwasser eine Art Anti-Baby-Mittel zusetzen würde ? Allerdings eines, das zwecks der Gleichbehandlung auf beide Geschlechter wirkt, nicht als radikale Methode, sondern als dosierende Bevölkerungsreduzierung gedacht.

Das Optimum zur Regelung könnte man sich sogar so vorstellen, daß man je nach Bevölkerungsdichte diesen Einsatz nach Bedarf mehr oder weniger durch entsprechende Zugaben steuern könnte. Diese Methode wäre aber nur in Ländern durchführbar, in denen ein Trinkwassernetz vorhanden ist. Womit wir wieder bei dem bekannten Problem landen: Wie soll diese Methode in den Entwicklungsländern zum Zuge kommen ? Indem man das Mittel in die Quellen, Flüsse und Brunnen einbringt ? !

Aber welcher Staat bzw. welcher Staatsmann will die Verantwortung für diese Art Anti-Baby-Methode übernehmen? Und vorallem nach welchem Schlüssel und nach welchen Vereinbarungen sollte diese vorgenommen werden ? Jeder Staat wäre doch ängstlich darauf bedacht, daß seine Nachkommen, sein Volk mindestens in alter Stärke erhalten bliebe und nur die anderen Staaten und Völker weniger werden. Das alte Lied von " das sollen die anderen machen nur nicht wir" würde somit die krassesten "Blüten" treiben.

Aber an dieser Stelle will ich wieder an das Beispiel der Seelilie erinnern, denn das hat sehr deulich und beeindruckend gezeigt, wohin zu langes Zögern und Warten führen kann !

Als restriktives Mittel gegen zuviel Nachwuchs wäre noch der Geldbeutel des Menschen in Erwägung zu ziehen, eine sehr empfindliche Stelle. Das heißt wer mehr als 2 Kinder hat, wird von der Steuer nicht mehr begünstigt sondern mit Sondersteuern belegt. So wie dies in Singapur schon heute der Fall ist - wenn man den Meldungen glauben darf. Denn wer dort mehr als zwei Kinder hat, ist für die Gesellschaft abgeschrieben, d.h. er ist nicht mehr angesehen, wird gemieden und muß obendrein mehr Steuern bezahlen als die anderen.

In den asiatischen Ländern wird heutzutage (um die Jahrtausendwende) sehr oft die Ultraschalluntersuchung eingesetzt, um zu sehen, ob der Nachwuchs männlich oder weiblich ist. Die weibliche Nachkommenschaft wird sehr oft verhindert, weil wie zuvor schon berichtet in vielen Gesellschaften nur der männliche Nachwuchs zählt.

Die Folge davon wird sein, daß die zukünftigen Männer keine Frauen mehr finden werden. Zwar ist das auch eine Art Nachwuchsbegrenzung, doch mit welchen Folgen? Werden die erwachsenen Männer dann wegen zu großen Frauenmangels massenweise in andere Länder einfallen? Wird es zu Streit oder gar zu Kriegen mit den Nachbarländer kommen? Wird sich dies noch als ein neues Problem in unserer konfliktbeladenen Welt herausstellen? Neu? Oder wirft uns das gar 3.000 Jahre zurück? Beim Trojanischen Krieg ging es doch auch schon um eine Frau - der schönen Helena - 10 Jahre lang Krieg nur wegen einer einzigen Frau. Was kommt da auf uns zu ?

Wenn in der Bundesrepublik Deutschland (von 1975) die derzeitige Geburtenrate beibehalten wird, so haben wir im Jahr 2000 nur noch 50 Millionen Einwohner, wenn sie dann nicht weiter fällt, wäre das vielleicht die richtige Bevölkerungsdichte. Wir müssen unseren wachsenden Wohlstand bedenken, wir produziert immer mehr Güter in immer mehr und größeren Industrieanlagen. Fast jeder will sein eigens Haus haben und das alles beansprucht sehr viel Platz.

So kann man wieder mal sehen, wie man sich mit Prognosen vertun kann. Aber 1975 war der Fall der Mauer und die Wiedervereinigung Deutschlands unmöglich vorhersag- und vorhersehbar. Ja, selbst in der Wendezeit, im Herbst 1989, dachte noch niemand ernsthaft an die Möglichkeit der Vereinigung, die dann viel schneller kam, als die meisten glaubten. Somit wurde 1990 die Einwohnerzahl schlagartig um 17 Millionen erhöht. Es kamen viele deutschstämmige Zuwanderer aus dem Osten, wie Rußland und Rumänien außerdem noch dazu. Des weiteren haben wir noch viele Mitbürger aus vielen anderen Ländern. Summa summarum hat Gesamtdeutschland heute - im Jahr 2000 - ca. 80 Millionen Einwohner.

1.5 Das Gesetz 1 : 1.000.000
(oder ppm = parts per million)

1.) Es gibt eine interessante These, wonach ein weiters Naturgesetz entdeckt wurde, das eins zu einer Million heißt, oder ein Gramm pro Tonne. (ppm)

2.) Das heißt, es wurde festgestellt, wenn in unserem Körper der Anteil bestimmter Stoffe, insbesondere der Schwermetalle 1 : 1.000.000 beträgt oder gar übersteigt, so kann es lebensbedrohlich werden. Bei der Luftverschmutzung ist es dasselbe, wenn der Verschmutzungsgrad über das Verhältnis 1 : 1.000.000 hinausgeht, wird es kritisch, sie einzuatmen.

3.) Dieses Gesetz kann man auch zur Bestimmung der zulässigen Weltbevölkerung heranziehen, indem man die gesamte Masse der Pflanzenwelt ins Verhältnis 1 zu 1.000.000 zur Menschheit setzt. Nach dieser Verhältnisrechnung dürfte die Anzahl der Menschen gerade mal 500 Millionen Einwohner betragen. Diese Zahl haben wir aber schon lange überschritten, sogar um das 8 fache. Wie ist es möglich, daß die Menschheit zu dieser riesigen Menge anwachsen konnte?

Man darf nicht vergessen, daß wir heutzutage eine gewaltige Kunstdüngerindustrie haben, eine weitestgehend industrialisierte Viehmast sowie Hühnerlegebatterien besitzen, daß gigantische Seefangflotten die Weltmeere durchpflügen und alles leerfischen. Und trotzdem hungern heute noch zwei Drittel der Menscheit.

Meldung vom 30. März 2000 in der Eßlinger Zeitung :
Berlin (AP) - Weltweit hungern noch immer 800 Mill. Menschen. Jedes dritte Kind unter fünf Jahren sei unterernährt, erklärte die Präsidentin der Deutschen Welthungerhilfe, Ingeborg Schäuble, gestern in Berlin ... ... Die internationale Gemeinschaft müsse ihre Anstrengungen zur Bekämpfung des Hungers verstärken, damit das Ziel des Welternährungsgipfels von Rom 1996, die Zahl der chronisch Unterernährten bis 2015 auf 400 Millionen zu verringern, noch erreicht werden könne. / / /   / / /   / / /

Mit der schnell steigenden Weltbevölkerung rollt ein Katastrophe auf uns zu, die viel größer und schrecklicher sein könnte als alle atomare Vernichtungswaffen zusammengenommen; in Anbetracht dessen, daß wir Gefahr laufen, uns in 100 bis 200 Jahren gegenseitig totzutrampeln.

2. Umweltverschmutzung

2.1 Allgemeine Verschmutzung durch Nachlässigkeit und Gewinnstreben

Durch die unheimliche Vermehrung der Menschen stieg auch die Belastung der Umwelt gewaltig an. Wir brauchen doch heute nur unsere Bäche, Flüsse, Seen und Meere anzuschauen, letztere werden sogar oft als die Müllkippe der Nationen angesehen und behandelt. Selbst den Dreck in der Luft kann man, je nach Wetterlage, schon des öfteren sehen, so verschmutzt ist sie schon geworden, durch unsere Abgase aus Haushalt, Verkehr und Industrie.

Es wird heute zwar schon viel getan, um dieser Verschmutzung Herr zu werden, aber es ist eben immer noch viel zu wenig, um eine entscheidende Wende herbeizuführen. Es wird noch viel zu viel gesündigt, mit Absicht, Nachlässigkeit, Unvernunft und Gleichgültigkeit. Auch gegen die Nachlässigkeit des einzelnen muß mehr unternommen werden. Dies sollte durch Aufklärung, Appele in Zeitungen und Fernsehsendungen, sogenannten Spots etc. geschehen. Denn die Unachtsamkeit jedes einzelnen führt durch die Masse aller einzelnen zusammengenommen erst zu den Abfallbergen. Denn jeder einzelne denkt "ach die paar Gramm Papier" oder sonstige Kleinigkeiten bis zur Zigarettenkippe ist doch nicht viel, aber in der Masse gesehen eben doch. In letzter Konsequenz, wenn alle Aufrufe nichts helfen sollten, müßte auch an die Einführung saftiger Ordnungsstrafen gedacht werden. In diesem Fall muß wieder auf Singapur verwiesen werden, denn dieser Stadtstaat hat in dieser Hinsicht eine Vorreiterrolle übernommen. Dort darf nichts achtlos weggeworfen werden, selbst eine Kippe wird mit einer Geldstrafe geandet.

In welche Gefahr uns dieser Abfall bringen kann, kann man anhand eines Beispieles aus der Natur verdeutlichen. Beim Gärprozeß von Fruchtsäften fressen Bakterienkulturen den Fruchtzucker auf und lassen den Alkohol als Abfall zurück. Diese Umwandlung findet aber nur bis zu einem Alkoholgehalt von höchstens 18% statt, danach gehen die Bakterien an ihrem eigenem Abfall zugrunde, weil sie selber keinen Alkohol vertragen. Dies ähnelt frappierend der menschlichen Gesellschaft, die auch schon bald an ihrem eigenem Abfall zu ersticken droht.

Beispiele gibt es genügend:

An erster Stelle stehen hier wohl unsere Flüsse, die unseren ganzen Wohlstandsmüll abtransportieren müssen, und wenn man dannn bedenkt, daß aus dieser stinkenden "Suppe" unser Trinkwasser gewonnen wird, kann es einen nur schütteln.

Nun dieser Punkt hat sich zwischenzeitlich (zum Ende des 2ten Jahrtausends) durch den Bau vieler Kläranlagen gebessert. Doch was nützen all die guten Kläranlagen, wenn auf den Flüssen und an den Ufern Unfälle passieren können und passieren? Selbst heute in unserer computer-, radar-, und satellitenunterstützten Welt gibt es immer noch viele Schiffskollisionen und Untergänge - auch auf den Flüssen - mit all den anschließenden Verschmutzungen und Belastungen für die Meere und Binnengewässer. Dazu kommen noch die ganzen Industrieanlagen entlang den Flüssen, die ein nicht unerhebliches Risiko darstellen. 1986 z.B. brannte es bei der Firma Sandoz - einem großen Chemieunternehmen - in Basel (CH). Das Löschwasser floß in den Rhein, der sich daraufhin deutlich rot färbte. Von der Werksleitung, wie heute so üblich, wurde sofort die beschwichtigende Erklärung abgegeben, daß diese

Verfärbung des Flusses ungefährlich sei. Nur die Aale und Fische mußten diese Bagatellisierung überhört haben, denn sie verendeten alle, zig Tonnen toter Fische trieben den Rhein hinunter.

Anfang des Jahres 2000 ist wieder eine große Umweltkatastrophe passiert. In der rumänischen Bergbauregion Baia Mare, in der Blei- und Gold gewonnen werden, sind Dämme von Abraumhalden gebrochen. Die giftigen Cyanid- und Quecksilberverbindungen flossen zuerst in die Bäche der Sasar und Lapus, danach in die Flüsse von Somes und Theiß, bis sie schließlich in der Donau landeten. Am schlimmsten traf es die Fische in der Theiß, denn die bekamen die Giftbrühe hochkonzentriert ab. Somit wurden mit dieser Katastrophe folgende Länder tangiert und konfrontiert, zuerst Rumänien selbst, gefolgt von Ungarn und Serbien bis schließlich diese Giftfracht mit der Donau auf rumänisches Gebiet zurückfloß, wenn auch schon in reichlich verdünnter Form. Wieder wurden viele zig Tonnen Fischbestände vernichtet. Über viele Jahre hinaus wird kein Fischfang in diesen Flußabschnitten möglich sein. Bei solchen Giftunfällen schwemmt wohl das Wasser den Dreck mit der Zeit den Fluß hinunter, man darf aber nie vergessen, daß einiges davon im Flußschlamm zurückbleibt und auch ein gewisser Anteil möglicherweise im Flußbett versickert und in das Grundwasser eindringen könnte.

Unser ganzer Abfall landet somit letztlich im Meer, das als Mülleimer der Nationen angesehen wird. *Das geht sogar so weit, daß mit behördlicher Genemigung bis heute (im Jahr 2000) Säure unter dem geschönten Begriff der "Verklappung" in die Nordsee versenkt werden darf.* Jeder Dreck wird doch ins Meer geworfen. Besonders im Mittelmeer kann man allerhand "Sachen" schwimmen sehen. Nach beiden Weltkriegen entledigte man sich von viel Kriegsmaterial vor allem von chemischen Kampfstoffen, die nichts anderes als gefährliche Giftstoffe sind, indem man sie ins Meer versenkte. Wenn sie auch in Fässer gepackt wurden, so bedeutet dies keinesfalls Sicherheit für alle Zeiten. Irgendwann ist jedes Faß einmal durchgerostet. In der Ostsee werden schon vermehrt Fische gefangen, die mißgebildet sind. So muß man sich nicht wundern, wenn man sich beim Baden im Meer üble Krankheiten einfangen kann. Vom Brechreiz angefangen über Darmkatharr, Übelkeit bis hin zur Gehirnhautentzündung. Unsere ganze Nahrung, die wir aus dem Meer holen, ist schon mehr oder weniger vergiftet. Ich darf hierbei nur an die Thyphusepidemie in Neapel erinnern, die dort vor einiger Zeit (*gemeint ist natürlich eine Zeit vor 1975/77*) durch den Verzehr von Miesmuscheln ausgebrochen war. In Japan gab es Kranke und Tote nach dem Essen von Fischen, die mit zuviel Quecksilber angereichert waren.

Auch hört man ständig (Anfang 1977) von Unfällen mit Tankern, die auf Grund liefen oder in Zusammenstöße verwickelt wurden. Das ausgelaufene Öl richtet dabei furchtbare Schäden im Meer und falls es in Landnähe passiert, auch der Küste an.

Dieser Punkt hat sich in der Zwischenzeit leider nicht gebessert. Es sind viele weitere Tanker verunglückt. Auf Anhieb fallen mir einer vor Schottland ein, zwei vor der Bretagne und einer der größten gaschah vor Alaska mit der Exxon Valdez (1989): Geschätzte 50 Mill. Liter ausgelaufenes Erdöl verschmutzten ca. 1.300 km² Küste. Über 30.000 Seevögel sowie unzählige Säugetiere verendeten. Es geht sogar soweit, daß Öl mit sogenannten Seelenverkäufer über die Weltmeere transportiert wird, die dann bei einem gewöhnlichem Sturm einfach auseinander brechen. So erst vor kurzem, Anfang des Jahres 2000, im Nordatlantik geschehen.

Und das angesichts der Tatsache, daß jeder Fahrzeughalter sein Fahrzeug alle zwei Jahre beim TÜV vorfahren muß, um sein Fahrzeug technisch untersuchen zu lassen. Selbst kleinere und kleine Mängel können dazu führen, daß man zurückgewiesen wird, um diese zu beheben. Aber bei Schiffen aller Art gibt es kaum Vergleichbares. Obwohl es hier zehnmal wichtiger und richtiger wäre. Ganz extrem wird es dann bei den sogenannten Billigflaggen, da schaut erst recht keiner mehr richtig hin. Dazu eine passende Meldung aus dem Schiffsreisen und Seewesenmagazin "an Bord" März/April 2000 :
-Das Kreuzfahrtschiff "Caronia" muß erneut in die Werft -
Mit dem Namenswechsel von "Vistafjord" in "Caronia" Ende letzten Jahres wechselte das Schiff auch seine Flagge. Die Reederei Cunard tauschte die Flagge der Bahamas gegen die Britische ein, nicht ohne Folgen, wie man heute weiß. Die Vorschriften des britischen Registers erwiesen sich als strenger gegenüber dem Register der Bahamas. Unter ihrer neuen Flagge erwies sich die "Caronia" in den Stabilitätsberechnungen als nicht mehr den Vorschriften entsprechend und erhielt eine sechsmo-

natige Ausnahmegenehmigung, innerhalb dieser der Rumpf durch geeignete Maßnahmen in seiner Seegangsstabilität verbessert werden muß. Zu diesem Zweck wird die "Caronia" vom 18. Mai bis zum 3.Juni 2000 erneut die Bremerhavener Lloyd Werft aufsuchen, um hier mit zusätzlichen Sponsons zur Verbesserung des Auftriebs ausgerüstet zu werden.

Aber wie so oft im Leben, hinter den kleinen Sachen und Leuten ist die Staatsmacht mit aller Akribie und Strenge hinterher und den Großen läßt man alles durchgehen. Es wäre mehr als höchste Zeit dafür, daß die internationale Staatengemeinschaften endlich einen Riegel vorschieben und sich auf eine Art Schiffs-TÜV einigen und vorallem diesen auch konsequent und scharf durchführen würde.

Auch unser Luftmeer haben wir schon sehr verschmutzt. Während die Feststoffe, die aus den Kaminen und Schloten treten, früher oder später, spätestens jedoch mit den Niederschlägen auf die Erde zurückfallen, steigen die Abgase bis in die höchsten Höhen unsere Atmosphäre auf, um dort um den ganzen Erdball zu zirkulieren.

Auch in diesem Punkt hat sich einiges getan. Zum Beispiel

wurden in die Kohlekraftwerke Entstaubungs- und Entstickungsanlagen eingebaut, und beim Hausbrand wurde in den letzten Jahren, dank moderner Brenner, vieles verbessert.

Jedoch das aufsteigende Schwefeldioxid mischt sich in den oberen Luftschichten in den Wolken und fällt dann als wäßrige Schwefelsäure mit den Niederschlägen zur Erde. Dies gilt vorallem für den Beginn des Regens. Dabei ist die Konzentration dieser wäßrigen Schwefelsäure immer noch so stark, daß sie Bauwerke, vor allem aber Marmorkunstwerke und Stahlkonstruktionen angreift. Das ist mit ein Grund, warum vor allem alte Kirchen heute ewige Baustellen sind, Steinmetze haben deshalb immer gut zu tun. Das gleiche gilt z.B. für den Eiffelturm, dort sind ein paar Maler das ganze Jahr über damit beschäftigt, dem Rost Einhalt zu gebieten, denn sind die Maler endlich mit ihrer Arbeit bis oben hin fertig, können sie unten wider anfangen.

Das Kohlendioxid, das wir ständig produzieren, bildet in der oberen Erdatmosphäre eine einwegige Sperrschicht, die die wärmenden Sonnstrahlen zwar durch, aber die abstrahlende Wärme von der Erde nur sehr schwer in den Weltraum entweichen läßt. Durch diesen Effekt steigt die mittlere Klimatemperatur der Erde ständig an, die durch

Messungen der letzten 100 Jahre einwandfrei nachgewiesen wurde.

Bei weiterem Anstieg dieser Temperatur kommen die Eismassen auf Grönland und die auf der Antarktis in Gefahr abzuschmilzen. Das bedeutet für die flachen Küstenlandschaften - sie drohen in den Fluten zu versinken. Ganz schlimm könnte es für die Länder kommen, die praktisch nur aus Koralleninseln bestehen - wie z.b. die Malediven und Lakkadiven, sie würden aufhören zu existieren.

Was die Natur und Erde in zig Jahrmillionen und Jahrtausenden aufgebaut hat und über große Zeiträume im Gleichgewicht hielt, bringt der Mensch in wenigen Jahrzehnten durcheinander.

Schon auf 17 Millionen Tonnen Abfall jährlich häuft sich unser Müllberg, den wir in der Bundesrepublik Deutschland zusammentragen (von 1975/77). Das entspricht 1,7Millionen LKWs zu je 10t Abfall, oder einem LKW-Zug von ca. 17.000km. Also etwa 17mal die Strecke von Nord nach Süd quer durch unser Land. Die weiteren Aussichten sind, daß sich dieser gewaltige Abfallberg voraussichtlich alle 10 Jahre noch verdoppeln könnte. Bei der weltweiten Verknappung und dadurch zwangsläufigen Verteuerung der Rohstoffe sollten wir uns das nicht leisten.

Sonst kann es eines Tages so weit kommen, daß wir unsere jahrelang aufgehäuften Müllberge eines Tages mühsam durchwühlen müssen auf der Suche nach wichtigen Stoffen, die vorher achtlos weggeworfen wurden.

2.2 Vorschläge für die Abfallnutzung

Unsere Gesellschaft müßte deshalb von einer planlosen zu einer "gezielten Wegwerfgesellschaft" umerzogen werden. Dadurch würde erstens viel Energie gespart und zum zweiten würden die wertvollen Rohstoffe einen sinnvollen Kreisprozeß durchlaufen.

Nachfolgend werden einige Vorschläge beschrieben, die heute gang und gäbe sind, aber vor über 25 Jahren hat noch kein Mensch von einer getrennten Hausmüllsammlung, oder von einem Auto, das getrennt nach seinen Wertstoffen wieder zerlegbar sein soll, gesprochen. All diese Ideen hatte ich schon lange vor ihrer Ausführung.

An erster Stelle wäre hier wohl das Automobil zu nennen, das bei der Abfallproduktion keine unwesentliche Rolle spielt. D.h. es müßte so konzipiert, konstruiert und gebaut werden, daß sich das Auto mit den eingebauten Teilen jederzeit leicht und schnell, mit ein paar Handgriffen in seine Einzelteile bzw. seine Grundmaterialien, wie Stahlblech, Aluminium, Glas, Gummi, Grauguß usw., zerlegen ließe. Es wäre eine völlige Neuorientierung in der Fahrzeugbranche erforderlich, nämlich nicht nach immer mehr Chrom und Glanz, sondern nach mehr Zerleg- und Wiederverwertbarkeit der verarbeiteten Materialien.

Auch beim Hausmüll müßte einiges geändert werden. Nicht mehr alles in einen Topf werfen, wie es heute (1975/77) allgemein üblich ist, sondern in getrennte Müllgefäße sammeln, so daß jeder bestimmte Stoff im dafür vorgesehenen richtigen Eimer landet. Hier müßte genau getrennt werden zwischen Metallen - wie etwa Büchsenblech, Aluminium (wird heute meistens als Verpackungsmaterial verwendet), sowie nach Glassorten, Papier und verschiedenen Kunststoffen. Um diese Stoffe einwandfrei auseinanderhalten zu können, denn nicht jeder ist ein Werkstoffkenner, müßten die Stoffe bei der Produktion vom Hersteller klar kenntlich gemacht werden. Egal ob in Form von Zahlen, Farben oder Zeichen oder in einer Kombination von diesen. Die gleichen Zeichen müßten dann auch auf den Abfalleimern angebracht sein, somit wäre die einwandfreie Zuordnung der jeweiligen Stoffe zu den richtigen Behältern für jedermann möglich.

Dadurch wäre eine Trennung der Stoffe schon von vorneherein gegeben, die Sammlung vereinfacht und die Stoffe könnten ohne große Sortierung direkt der Wiederverwertung zugeführt werden.
Auch das Problem der Abholung des Mülls wäre nicht größer als heute. Da sich der der Abfall nur auf mehrere Abfalleimer verteilt, fällt ja nicht mehr Abfall an als vorher, sondern würde sogar vorsortiert bereitgestellt sein. Es müßte nur der Müllwagen eben jede Woche etwas anderes abholen, und bei den seltenen Stoffen kommt er nur einige Male im Jahr.

Als weitere Beispiele will ich noch kurz auf die Glas- und Papierwiederverwertung eingehen. Glas sollte in der Verpackungsindustrie (also Flaschen) in möglichst wenigen Sorten hergestellt werden, so daß eine Sammlung leerer Flaschen keine größeren Probleme aufwirft (wie etwa durch verschiedene Glasfärbungen und Eigenschaften). Genauso müßte man der Papierwiederverwertung zu Leibe rücken. Indem man endlich für Zeitungen eine Druckfarbe entwickelt, die sich bei der Wiederverwertung möglichst leicht und mit ungiftigen Mitteln bleichen ließe und somit die Verarbeitung wiederverwendbarem Zeitungspapier erleichterte.

Und nicht wie heute üblich, daß sie nach dem Lesen und anschließendem wegwerfen nur noch zur Verarbeitung von Packpapier gut ist. Für die Herstellung der täglichen Papier- und Zeitungsflut müssen täglich Unmengen an Holz und Bäumen, wenn nicht sogar Wälder, herhalten.

- Recycling - heißt das Schlagwort unserer Zeit. Darunter ist all das zusammengefaßt, was mit Wiedergewinnung und Wiederverwertung zu tun hat.
Durch dieses Verfahren können wir nämlich mehrere Fliegen mit einer Klappe schlagen:

+ Indirekte Energiegewinnung, denn es fallen Suche, Förderung und lange Transporte weg.

+ Es müssen weniger Rohstoffe eingekauft werden.

+ Die Abhängigkeit von Rohstoffländern wird geringer.

+ Die Vorräte unserer Läger, sowie die Läger der Rohstoffvorkommen werden gestreckt.

+ Durch die verschiedensten Arten des Recyclings würden viele neue Arbeitsplätze geschaffen werden.

Abfall, der mitunter auch noch hochwertiger Rohstoff sein kann, einfach nur in Müllverbrennungsanlagen zu verheizen, ist Unsinn.

In der Zwischenzeit wurde der gelbe Sack eingeführt, aber der ist auch nicht das gelbe vom Ei. Denn es dürfen in diesen Sack zu viele verschiedene Sachen zusammen entsorgt werden. Diese landen anschließend bei den Recyclingfirmen auf Bändern, um dort dann trotzdem noch mühsam nach den unterschiedlichen Wertstoffen sortiert zu werden. So ist es kein Wunder, daß viele dieser Säcke schon überall gelandet sind, nur nicht bei den Recyclingfirmen. Sie wurden z.B. schon auf illegalen Mülldeponien bei uns, aber auch im fernen Libanon und sogar in Zentralafrika gefunden.

Bei der Glasentsorgung hat man es wenigstens geschafft, daß der Glasabfall in den dafür aufgestellten Containern nach drei verschiedene Glasfarben getrennt gesammelt wird.

3. Energiebedarf

3.1 Energieanstieg - Verbrauch von Kohle und Erdöl

Mit der immer größer werdenden Weltbevölkerung steigt auch der Energiebedarf gewaltig an. Dies jedoch nicht im gleichen Tempo, sondern wiederum exponentiell. So hatte die Dritte Welt bis in die Gegenwart hinein einen sehr bescheidenen Energiebedarf im Vergleich zu den Industrienationen. Aber auch diese Länder wollen zu den modernen Zivilisationen aufschließen. Dies bedeutet riesige Investitionen auch Energieaufwand und Verbrauch zur Erreichung dieser ehrgeizigen Ziele. Einerseits soll alles möglichst schnell auf den Stand der Zeit gebracht werden. Andererseits kann man es diesen Ländern nicht verdenken, wenn sie ihren Lebensstandard verbessern wollen. Aber jede Hebung des Lebensstandards, vor allem weltweit gesehen, kosten viel Energien, die in der Folge immer weniger und deshalb teurer werden. An erster Stelle gilt das für die Primärenergien.

Bis in unsere Tage hinein stehen Kohle und Erdöl als unsere hauptsächlichen Energieträger zur Verfügung. Das Erdgas und die Atomenergie (Stand vor 1975) werden bis heute im Verhältnis zu Kohle und Öl noch wenig eingesetzt. Ihre Förderung und Verbrauch lassen sich auch nicht beliebig steigern, weil die Vorräte noch kleiner sind, als die von Kohle und Erdöl. Bei weiterem ungebremsten Abbau dieser Primärenergieträger gehen unsere Erdölvorräte voraussichtlich bis etwa zur Mitte des 21sten Jahrhunderts und die der Kohle in ungefähr 250 Jahren zur Neige, jedenfalls die Lager, die abbauwürdig erscheinen. Eigentlich sind sie auch viel zu schade, um nur verbrannt zu werden, so wie das meistens beim Hausbrand, bei der Stromerzeugung und in den Verkehrsmitteln üblich ist. Schade ist höchstwahrscheinlich noch viel zu milde ausgedrückt. Das Ganze grenzt wohl schon eher an unüberlegte Verschwendung, zum Nachteil der Nachwelt. Bei der Verbrennung geht unglücklicherweise der größte Teil der Energie als sogenannte Abfallwärme zwischen 70% und 90% verloren. Anstatt diese Ressourcen hauptsächlich zu Heizzwecken zu verwenden, sollten wir diese Energievorräte für sinnvollere Vorhaben einsetzen, wie z.B. für Kunststoffabrikation, Medikamente und Chemiestoffe aller Art. Die fossilen Brennstoffe, die Jahrmillionen für ihre Entstehung gebraucht haben, werden voraussichtlich in nur 100 - 300 Jahren vertan sein.

3.2 Suche nach neuen Energiquellen

Man versucht deshalb heute schon, andere Energieträger als herkömmliche wie Kohle, Öl und Erdgas zu erschließen oder immer besser auszunutzen. Dies sind Kernenergie, Wind- und Wasserkraft (Gezeiten, Flüsse, Berg- und Stauseen). Aber all diese Energieträger bergen nur eine begrenzte Ausnutzungsmöglichkeit. Flüsse mit ausreichendem Gefälle und Volumenstrom sind beschränkt vorhanden. Buchten, die zum Bau von Gezeitenkraftwerken und deren Betrieb genutzt werden könnten, sind weltweit sehr begrenzt. Berg- und Stauseen sind, je nach Land stark durch die jeweiligen Wasservorräte und die Topographie eingeschränkt. Und die Kernenergie, in die man vor Jahrzehnten noch so viel Hoffnung gesetzt hat, ist eine Gefahrenquelle für Mensch, Tier und Umwelt.

Die Kernenergie wäre ja gut und schön, wenn bloß nicht dieser gefährlich strahlende Abfall wäre und das für viele tausend Jahre lang. Es ist nicht zu begreifen, daß dieses Problem damals nicht wahrgenommen und ernster behandelt wurde, niemand darauf kam, daß dieser Weg in die Sackgasse und eine "srahlende" Zukunft führt.

Abermilliarden von DM wurden für einen Irrglauben und Irrweg vertan. Allein der mißglückte gestoppte Versuch und die jetzige Bauruine in Kalkar hat uns sehr viele zusätzlichen Milliarden gekostet. Wenn wir dieses Geld und Energie in die Wasserstofforschung gesteckt hätten, statt in das unsägliche Abenteuer des schnellen Brüters, wären wir erstens viel, viel weiter, als wir es heute sind und zweitens würden wir heute nicht vor dem vertrackten Problem des strahlenden Atommülls stehen, keiner weiß recht wohin damit und vorallem keiner will dieses "heiße Zeug" haben.

Die beste und schönste Lösung wäre natürlich, wenn man die Sonnenenergie besser ausnützen könnte, d.h. mit einem, bis heute noch nicht erreichbarem Wirkungsgrad von 90 bis 95% und nicht nur 10 bis 20%, wie das bis heute üblich ist.

Die Abstrahlung der Sonne, die jeden Tag an die Erde abgegeben wird, umfaßt die unvorstellbare Energie von 10^{18} kW.

Diese Zahl wieder in einem Vergleich dargestellt heißt, daß die Sonne in weniger als einer Woche so viel Energie an die Erde abstrahlt, wie sämtliche Holz-, Kohle-, Erdöl-, und Erdgas-Vorräte der Erde an Heizwert darstellen.

Für die sogenannte Niedertemperaturwärme (bis 100^0C) kann die Sonnenenergie in der Solartechnik heute schon gute Erfolge vorweisen. Und wenn man bedenkt, daß die Hälfte der in der Bundesrepublik Deutschland benötigten Primärenergie in Form von Wärme bis etwa 100^0C abgegeben wird, so kann man daraus ersehen, was auf diesem Gebiet noch alles an fossilen Brennstoffen eingespart werden kann.

Ein weiterer Punkt wäre noch die Isolierung der einmal erzeugten Wärme. Damit meine ich, daß die Isolierung in den Häusern noch viel besser sein müßte, und auch sein könnte, als sie bis heute üblich ist. Das Prinzip der Temperaturerhaltung wie bei der Thermosflasche müßte doch auf die Hausisolierung übertragbar sein. Es könnten eine Art evakuierte Platten in das Mauerwerk plaziert werden. Natürlich nicht aus Glas, sondern sie müßten aus Aluminium, Stahl oder Kunststoff gefertigt sein. So müßte man am Tag nur einmal kurz aufheizen, um es warm zu haben, den restlichen Tag bliebe es dann warm, wie dies in einer Thermosflasche der Fall ist. Als unbeschränkt nutzbar zu machende und umweltfreundliche Energieträger bleiben uns nur die Sonnenenergie, die Windkraft und die Wasserstoffverbrennung.

(Die regenerative Energien nutzen!)

Die Wasserstoff-Verschmelzung (Fusion) dagegen wird wohl bis auf weiteres, noch ein schöner Zukunftraum bleiben, denn keiner kann annähernd eine seriöse Antwort darauf geben, bis wann oder ob überhaupt dieses Ziel erreichbar sein wird. Falls die Fusion eines Tages gelingt, sind unsere Energieprobleme für alle Zeiten gelöst. Ein paar Seiten weiter auf Seite 97/98 steht die Erklärung dafür - warum.

Aber um die Wasserstoff-Fusion ist es in den letzten Jahren sehr still geworden. Man sieht nichts im Fernsehen, man hört nichts in den Nachrichten, und in den Zeitungen konnte man auch schon lange nichts mehr darüber lesen. Geht es mit dieser Forschung nicht recht weiter? Ist das Geld knapp geworden? Oder was ist los?

4. Energiegewinnung aus Wasser bzw. Wasserstoff

4.1 Fingerzeige für die Verwendung des Wasserstoffs als Universalenergieträger ?

"Im Anfang war der Wasserstoff" - so lautet ein populärwissenschaftlicher Buchtitel von Hoimar von Ditfurth. Die Entstehung des Universums began vor ca. 13 Mrd. Jahren mit dem Urknall (Big Bang). Alles im Universum enstand aus dem Urbaustein Wasserstoff, auch die Sonnensysteme, sowie alles Leben und das Bewußtsein.

Dem widersprach Hermann Dobbelstein energisch in seinem Buch "Im Anfang war der Geist und nicht der Wasserstoff." Ein Argument daraus fand ich sehr überzeugend: Ditfurth meint, alles Leben habe sich in einer Art biologischem Zwang in zwei Mrd. Jahren von selbst entwickelt. Dobbelstein hält folgendes Beispiel dagegen: Wenn hirnlose Lebewesen ohne Plan zwei Mrd. Jahre lang mit Materialien zu einem modernen Wohnhaus herumspielen würden - sie brächten das Gebäude, rein zufällig, nie zuwege. Immer würde etwas anderes herauskommen als ein gebrauchsfertiges Haus. Nie würden Steine, Holzwerk, Installation sinnvoll zusammen gefügt werden. Was auch immer produziert würde, ein fertiges Haus würde es nie sein, es sei denn, jemand kenne das Ziel. Unendlich viel komplizierter aber sind alle Organismen aufgebaut. Und das alles soll der Zufall zustande gebracht haben ? - - - Dem würde ich noch hinzufügen wollen, daß außer einem Geist und Plan auch eine Wille zur Durchsetzung vorhanden gewesen sein muß.

Mit der Evulotion habe ich auch immer so meine Schwierigkeiten. Wie kann es sein, daß z.B. ein Krokodil, bis heute ein Urreptil geblieben ist und sich nicht weiterentwickelt hat. Warum wurde es keine Flugechse ? Ein Huhn bleibt ein Huhn, und wenn es noch so viele Eier legt, es wird kein Adler daraus. Vielleicht bekommt die Eierschale mal eine andere Farbe oder sogar das ganze Huhn. Mir ist aber nicht bekannt, daß trotz aller Hühnerlegebatterien und Millionen von gelegten Eiern weltweit einmal eine Mutation passiert wäre. D.h., daß zur Entstehung einer neuen Lebensform irgandwann einmal eine sprunghafte, nachhaltige Entwicklung geschehen muß. Diese müßte aber gleichzeitig am gleichen Ort mehrfach und beidergeschlechtlich vorkommen, ansonsten kann keine neue Art entstehen. Es wird auch immer wieder behauptet, daß die Wale zuerst im Wasser lebten, dann Beine entwickelten und an Land gingen um danach wieder ins Meer zurückzukehren. Für mich ein völlig unlogische Entwicklung. Welchen Sinn soll solch eine Evulotion haben ?

Der Dominikaner Giordano Bruno kam vor über 400 Jahren zu dem Schluß, daß die Unendlich- und Ewigkeit des Universums die Form sei, in der Gott sich selbst ausdrücke. Unabhängig von seinen Ausführungen kam ich 400 Jahre später auf ähnliche Gedanken, denn von seinen Ideen habe ich erst später gelesen. Nur wurde er für diese damals ketzerische Verbreitung seiner Gedanken am 17.Feb. 1600 in Rom auf dem Campo de´ Fiori öffentlich verbrannt. Weil die Unendlich- und Ewigkeit nur Gott zugestanden wurde und keiner Materie, keiner Welt und keinem Universum. Bruno wurde zwar im 19ten Jahrhundert an seiner Hinrichtungsstätte ein Denkmal errichtet, aber daß sich die Kirche von dieser Tat jemals distanzierte, oder gar entschuldigt hätte, konnte ich nirgends nachlesen.

Nach heutigen Erkenntnissen nimmt man an, daß der Urknall, also der Beginn des Universums, nicht wie noch Hoimar v. Ditfurth schrieb vor 13 Milliarden. Jahren sondern vor ca. 15 Milliarden Jahren entstanden sein soll. Seit dieser Zeit dehnt sich das Universum auseinander, es wird sich nach heutigen Theorien noch weitere 25 Milliarden Jahre weiter ausdehnen, erst nach rund 40 Mrd. Jahren soll die Explosionskraft des Urknalls endlich verlöscht sein und die Ausdehnung zum Stillstand kommen. Danach soll sich die Materie wieder anziehen und die Bewegung des Universums geht dann in die andere Richtung, es stürzt in sich zusammen, was allerdings auch wieder 40 Mrd. Jahre dauern soll, bis es wieder zum nächsten großen Knall (Big Bang) kommt. Jede Periode soll rund 80 Mrd. Jahre dauern.

Das Universum - das Weltall pulsiert.

Der Herzschlag Gottes ?

+ Im Anfang schuf Gott den Himmel und die Erde, Sonne und Sterne, einfach das ganze Universum - und den Menschen nach seinem Abbild. Er gab den Menschen den Auftrag : "Machet euch die Erde untertan." (Erstes Buch Moses 1, Genesis). Könnte in diesen Worten nicht auch die Weisung stecken, es ihm gleichzutun ? Heißt das nicht auch, daß wir seine Energiequelle bzw. seinen "Energiestoff", nämlich den Wasserstoff verwenden sollen, den er uns ja so überreichlich überließ ?

+ Wasserstoff ist das Element im Weltall, welches am häufigsten vorkommt, von den Sonnen angefangen über viele chemische Verbindungen bis hin zum freien Wasserstoff, der in den unendlichen vermeintlich leeren Weiten des Alls dahinschwebt.

+ Wasserstoff steht an erster Stelle des Periodensystems der Elemente ! Warum ? Zufall, Logik oder Absicht ?

+ Wasserstoff ist der Urbaustein aller Elemente, aller Materie und allen Lebens.

+ Wasserstoff besitzt darüber hinaus den größten Energiegehalt im Vergleich zu seiner Masse.

+ Das Wasserstoffvorkommen auf der Erde ist sehr groß, aber hauptsächlich eben in gebundener Form. Der größte Teil des Vorkommens ist ein Bestandteil des Wassers, egal ob im Meer- Süßwasser oder im ewigen Eis. Im Gegensatz zu anderen Energiestoffen kommt er da nicht in minimalen Prozentsätzen vor, sondern hoch % ig.

+ Liegt aus vorgenannten Gründen der Gedanke nicht nahe, mit diesem Stoff der drohenden Energiekrise der

Menschheit zu begegnen?

+ Liegt vielleicht im Wasserstoff das Geheimnis oder gar die Lösung für den enormen Energiebedarf.

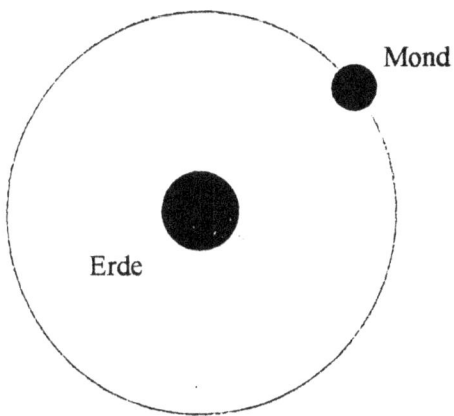

+ Das Wasserstoffatom - hat den gleichen Aufbau wie die Erde mit dem Mond - nämlich einen Kern und einen Umlaufkörper. Zufall oder Hinweis?

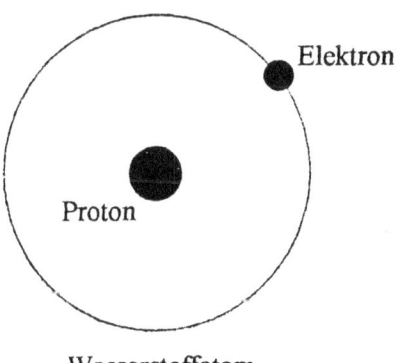

Wasserstoffatom

+ Es sei noch an jene uralte Prophezeiung aus der Kindheit der Menschheit gedacht, die weitergereicht über viele Jahrhunderte von Generation zu Generation bis in unsere Tage, einst in einer grandiosen Vision folgendes voraussah :

Als vor rund zwei Jahrtausenden die Sonne zum Frühlingspunkt in das Zeichen der Fische eintrat, da begann jenes Zeitalter der christlichen Kultur, als deren Symbol aus frühchristlichen Tagen der Fisch galt. Wiederum zweitausend Jahre vorher herrschte das Zeichen des Widders, der nach den Aussagen des alten Testaments bei den Juden als wertvollstes Opfertier galt. Und noch einmal zweitausend Jahre früher, so heißt es, habe alles im Zeichen des Stieres gestanden. Damals erblühte die Hochkultur der Ägypter, die dem Stier höchste Verehrung zollten. Jener Überlieferung aus fener Vergangenheit zufolge, ist nun der Zeitpunkt einer neuen Wende gekommen. Der Frühlingspunkt ist im Begriff, vom Sternbild der Fische in ein anders Zeichen hinüberzuwechseln, in das des Wassermannes.

Das Zeitalter des Wassermannes soll - so heißt es - das gigantische Werk der Menschheitserneuerung auf geistiger Ebene einleiten. - Das goldene Zeitalter kommt. - Eine Sternstunde der Menschheit steht bevor.

Auch in dieser Weissagung steckt der Begriff des Wassers.

Doch diese Prophezeiung aus Urzeiten steht im krassen Widerspruch zu unseren heutigen Problemen. Wie ist so eine optimistische Prognose zu deuten oder gar zu verstehen ? Soll sie Ansporn sein, die großen Dinge dieser Tage anzugehen ? Ein Besinnung darauf, die Probleme der verschiedenen Länder nicht einzeln, sondern global zu sehen ? Ein Anfang wurde vor einigen Jahren mit der Weltklimaschutzkonferenz in Rio de Janeiro schon gemacht. Wenn auch noch sehr zaghaft und halbherzig.

4.2 Kreisläufe

Es gibt nichts in der Natur, das für längere Zeit bestehen kann, ohne einen geschlossenen Kreislauf zu bilden. So wie z.b. unser Wasserkreislauf, der ja schon seit Millionen von Jahren funktioniert. Indem sich aus dem Meer die Wolken bilden, die dann als Regen über dem Land abgegeben werden. Der Regen sammelt sich in den Flüssen und fließt ins Meer zurück.

Ein anderer uralter Kreislauf besteht zwischen Planzen und Sauerstoffatmern. Denn was der eine als Abfall abgibt, benötigt der andere zum Leben und umgekehrt.

Aber bei der Verbrennung fossiler Energieträger wird bekanntlich in das Sauerstoffgleichgewicht der Erdatmosphäre eingegriffen und zusätzlich die Kohlendioxidbilanz des Globus verändert. So kann nie ein geregelter Kreislauf entstehen, statt dessen werden wichtige Rohstoffe vergeudet, und außer Umweltbelastung und Luftverschmutzung haben wir nicht viel erreicht, vor allem wenn man bedenkt, daß man bei dieser Art der Verbrennung nur einen Wirkungsgrad von ungefähr 10 bis 35% gewinnt, denn der größte Teil geht als unerwünschte Abwärme verloren.

Die fossile Rohstoffverbrennung ist zum Scheitern verurteilt, denn sie kann auf lange Sicht nicht aufrecht erhalten werden.

Mein Vorschlag ist deshalb, die Energie aus Wasser zu gewinnen. Das Prinzip ist denkbar einfach. Nur die praktische Ausführung, ist, wie so oft im Leben, etwas schwieriger. Etwas später mehr dazu.

Zurück zum Prinzip : Das Wasser wird in $2H_2$ und O_2 gespalten, danach das $2H_2$ mit O_2 verbrannt, wobei es seine Energie in Form von Wärme, oder als elektrischen Strom abgibt und die daraus entstandene "Asche" ist nichts anderes als wieder Wasser !

Also was könnte man sich mehr wünschen, als die Ausnutzung des Wassers bzw. des Wasserstoffes, denn mit dieser Möglichkeit wäre ein einwandfreier Kreislauf gegeben.

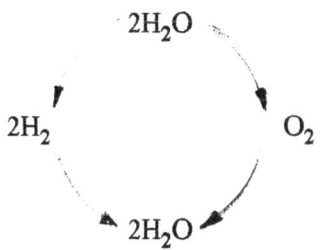

Daher wäre es allerhöchste Zeit, diesen Weg der Energienutzung zu beschreiten, bevor sämtliche fossilen Brennstoffe verbraucht sind.

4.3 Einsparung von fossilen Brennstoffen

Es könnte ein Großteil fossiler Brennstoffen eingespart werden, wenn man diese nur für chemische Zwecke wie Farben, Kunststoffe, Medikamente verwendete. Und für die Verbrennungs- und Kraftmaschinen sowie Heizungen Wasserstoff verwenden würde. Dadurch gelänge eine große Streckung der Weltvorräte an fossilen Brennstoffen, die sich mit folgenden Zahlen wie folgt errechnen läßt. Das Zahlenmaterial stammt von Esso. (Esso-Informations-Programm Nr. 20 "Öl auf dem Markt").
Danach betrug der Mineralölverbrauch 1975 in der Bundesrepublik Deutschland 116,1 Mio. Tonnen. Wenn man aus diesem Verbrauch die Vergaser- und Dieselkraftstoffe sowie das leichte und schwere Heizöl abzieht, so beträgt der Verbrauch nur noch 16,9 Mio. Tonnen oder ganze 14,55%. Dieses Ergebnis auf den weltweiten Verbrauch hochgerechnet, würden die geschätzten 50 Jahre der noch verbleibenden Ölvorräte um das ca. 7fache verlängern, also auf ca. 350 Jahre.
Das heißt, es könnte somit eine beträchtliche Zeit gewonnen werden für andere Entwicklungen und Techniken, um das Erdöl eines Tages sogar ganz zu ersetzen.

Entscheidende Kurven der nahen Zukunft für
Bevölkerung, Energieverbrauch und Rohstoffvorkommen

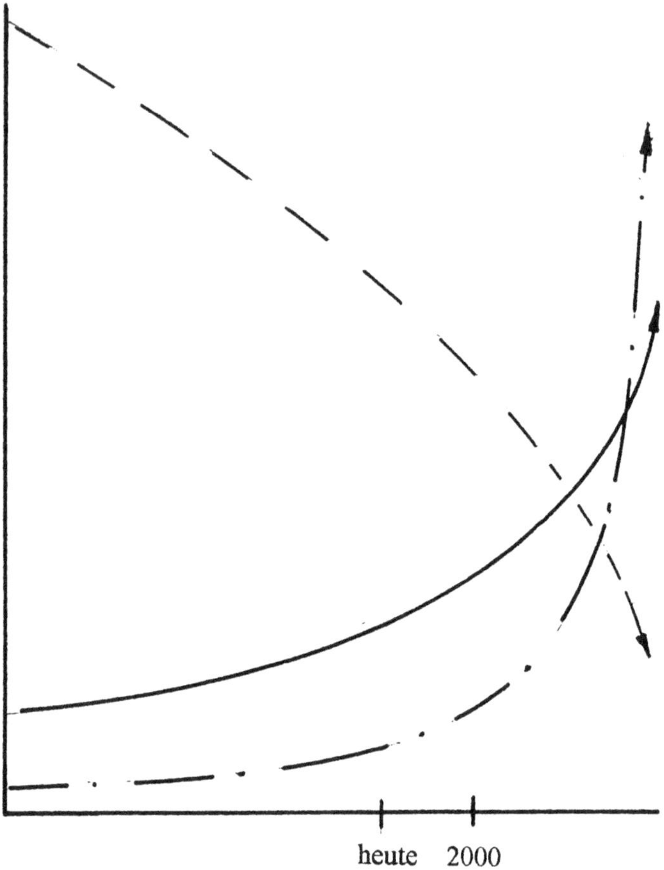

heute 2000

Anstieg der Weltbevölkerung	——————▶
Anstieg des Weltenergieverbrauches	·——·——·▶
Abnahme der Weltrohstoffe	— — — —▶

4.4 Spaltung - Verschmelzung

Zuerst die Erklärung der drei Begriffe :
Atomspaltung (Fission)
Wasserspaltung
und Kernverschmelzung (Fusion)

Bei der Atomspaltung wird der kleinste Baustein der Materie, zum Beispiel das Uranatom zertrümmert.

Bei der Wasserspaltung wird ein Molekül, also nur eine chemische Verbindung getrennt.

Bei der Wasserstoff-Fusion werden dagegen zwei schwere Wasserstoffatome (Deuterium und Triterium)
bei 100 Mill.^{0}C zu einem völlig neuen Stoff, nämlich zu Helium miteinander verschmolzen. Genau dieser Vorgang läuft in unserer Sonne und allen anderen selbstleuchtenden Sternen ab.

Bei der Verbrennung von Wasserstoff und Sauerstoff zu Wasser entstehen pro Gramm Wasserstoff rund 34 kcal (142,3 kJ) Energie.

Wird jedoch, wie etwa auf der Sonne, ein Gramm Wasserstoff zum Edelgas Helium verschmolzen, so ist die entsprechende Energieausbeute wesentlich höher, es wird nämlich die sagenhafte Energie von 150 Mill. kcal (627,825 Mill. kJ) gewonnen.

Der gewaltige Unterschied von Wasserstoffverbrennung zu Wasserstoff-Fusion beträgt somit 1 : 4,4 Mill. Daraus kann man ersehen, warum die Wissenschaft so an der Fusion interessiert ist und auch daran gearbeitet wird. *(Wie weiter vorne schon erwähnt, ist es um diese Forschung in den letzten Jahren leider sehr still geworden, nur warum ?)* Denn gelänge dieser Entwicklungssprung, wäre die Menschheit die Sorge der Energieprobleme für alle Zeiten los.

Trotzdem meine ich, daß wir das Problem der Wasserspaltung zuerst lösen sollten, bevor wir die Lösung der Fusion forcieren. Ansonsten könnte es sein, daß wir den zweiten Schritt vor dem ersten machen.

Das soll aber nicht heißen, daß man die Erforschung der Fusion abbrechen oder gar einstellen soll, sondern vielmehr, daß an der Wasserspaltung mit Hochdruck herangegangen werden soll.

Seltsamerweise steckt in vielen Leuten eine ablehnende Haltung gegenüber dem Wasserstoff, denn wenn man irgendwie auf das Thema Wasserstoff zu sprechen kommt, heben sie gleich abwehrend die Hände. Ob das vielleicht davon kommt, daß das Luftschiff "Hindenburg" in Lakehurst, USA, innerhalb weniger Minuten verbrannte? Und diese unglückliche Landung mit schrecklichem Ausgang heute noch immer wieder im Fernsehen gezeigt wird? Hat sich das Unglück durch diese ständige Wiederholungen den Menschen als Wasserstoffkatastrophe ins Gedächnis eingeprägt? Oder stammt diese Angst aus neuerer Zeit, angeregt durch die Wasserstoffbombe? Die größte Vernichtungswaffe aller Zeiten !

Zum Fall der "Hindenburg" wäre noch zu bemerken, daß jedes andere brennbare Gas fast genauso gefährlich gewesen wäre wie Wasserstoff. Nur eignen sich die anderen brennbaren Gase wegen ihrer spezifischen Dichte nicht als Traggas. Das unbrennbare Edelgas Helium, das heute für den Luftschiffbau verwendet wird, ist fast doppelt so schwer wie Wasserstoff.
(Das genau Verhältnis ist 1 : 1,985)

Wasserstoff ist zwar im direkten Vergleich zu Helium fast doppelt so leicht, aber für die Berechnung der Tragkraft muß man es zur Dichte der Luft ins Verhältnis setzen. Danach hat Wasserstoff eine knapp 7%ige höhere Tragkraft, aber Helium ist rund 7mal und nicht nur um 7% teurer als Wasserstoff.

Nach neuesten Erkenntnissen führten noch verschiedene andere Fakten zum Drama der "Hindenburg". Einerseits war die Außenhaut des Luftschiffes mit einem leicht brennbarem Material bespannt und obendrein noch mit einem feuergefährlichen Farbanstrich versehen. Andererseits spielte höchstwahrscheinlich die elektrostatische Aufladung des Luftschiffes, durch besondere Wetterbedingungen verursacht, eine entscheidende Rolle und könnte somit zum auslösenden Funken beigetragen haben.

Angesichts dieser Erkenntnisse, könnte man doch heute wieder Wasserstoffluftschiffe bauen - einerseits wegen der höheren Tragkraft aber vorallem wegen des günstigeren Preises, denn der wirkt sich bei einer Füllung von viele tausend m^3 doch sehr aus (bei der Hindenburg waren es $200.000 m^3$). Für die Außenhaut und natürlich auch für alle anderen Schiffsbauteile sollten nur schwer entflammbare oder am besten unbrennbare Materialien eingesetzt werden, zusätzlich könnte man die Wasserstofftanks mit einer Heliumhülle ummanteln. Auch an eine ungefährlich statische Entladung bei der Anlandung müßte gedacht werden.

4.5 Arten der Wasserspaltung und Anwendung des Wasserstoffs

Das Wasserstoffmolekül ist sehr stabil in seinem Strukturaufbau, um es aufzubrechen, muß sehr viel Energie aufgewendet werden, jedenfalls bis heute und nach heutigen Erkenntnissen und Wissensstand. Genau darin liegt der Grund der Schwierigkeit der Wasserspaltung. Doch leider ist für die Wasserspaltung noch keine Lösung gefunden worden, dieses Problem entscheidend in den Griff zu bekommen.

Aber genau um dieses Problem sollte es in der Wasserstoff-Forschung gehen, doch leider wird in dieser Richtung immer noch zu wenig getan, bzw. sind keine Gelder vorhanden, weil man diese in den Irrweg der Atomforschung gesteckt hat.

Nach heutigen Erkenntnissen läßt sich Wasser mit folgenden Methoden spalten :

+ Mit Chemikalien
+ Mit Gleichstrom
+ Mit Wärme oberhalb 2.000 ^{0}C
+ Mit den kurzwelligen Strahlen des Sonnenlichts

In Zukunft vielleicht mit :

+ Schall - indem man die Eigenschwingung verstärkt, so wie man Glas mit seiner Eigenfrequenz zum Bersten bringen kann.
+ Mit Laserlicht, oder pulsierendem Laserlicht
+ Oder aus einer Kombination von mehreren zusammen.

Zur Wasserstoffanwendung :

Wasserstoff kann man z.B. in Verbrennungsmaschinen nutzen. Die Anwendung dazu stößt auf keine größere Schwierigkeiten, der Antrieb von Hubkolbenmotoren mit Wasserstoff ist grundsätzlich möglich. Versuche mit Kolbenmotoren zu Antriebszwecken laufen schon lange. Dabei zeigte sich, daß der Wasserstoffantrieb sogar einige Vorteile gegenüber dem Benzinantrieb besitzt :
+ besserer Wirkungsgrad,
+ keine so engen Zündgrenzen
+ keine schädlichen Abgase, außer etwas Stickoxide
   (NO_X)

Nachteile gibt es allerdings auch :

Wasserstoff verbindet sich bei hohen Temperaturen sehr gerne mit Metallen. Dagegen muß der Brennraum, also Kolbenwand, Kolben und Ventile geschützt werden.

Der Hubraum muß vergrößert werden, weil Wasserstoff wegen seiner geringen Dichte einen größeren Raum einnimmt. Das dürfte aber eines der kleinsten Probleme sein, die es zu lösen gilt.

Der Ansaugkanal muß so gestaltet bzw. abgeändert werden, daß keine Flammrückschläge, die durch den großen Zündbereich des Wasserstoff-Luftgemisches gegeben sind, in den Ansaugkanal gelangen können. Denn dieses Gemisch brennt fast immer, im Gegensatz zum Benzin-Luftgemisch, das nur sehr enge Zündgrenzen kennt schon ein paar Prozent zu "fett" oder zu "mager" und der Brennvorgang kommt ins Stocken oder erlischt ganz.

Die Autofirmen, die sich mit der Nutzung von Wasserstoffantrieben befassen, gehen immer davon aus, den Wasserstoff in irgend einer Form, im Auto mitzunehmen. Sei es in direktem Gaszustand, also in Druckbehältern, oder in flüssigem Zustand, oder das Gas in sogenannten Metallhydriden gelöst. Metallhydriden sind spezielle Metallegierungen, die Wasserstoff aufsaugen können wie ein Schwamm das Wasser, aber auch wieder abgeben. Diesem Prinzip werden z.Z. die größten Chancen eingeräumt. (*Das war der Stand vor 25 Jahren, inzwischen ist es um diese Speicherart auch schon stiller geworden, vermutlich aus Platz- Preis-, und Gewichtsgründen sowie an mangelnder Effizienz gescheitert).*

Aber aus sicherheitstechnischer Sicht wäre der Metallhydridspeicher eine gute Lösung. Die flüssigen und gasförmigen Speicherarten bergen bei einem massenhaften Einsatz im Straßenverkehr erhebliche Risiken in sich. Solange nur ein paar Versuchsfahrzeuge unterwegs sind, ist die Gefahr noch gering, aber wie sieht es bei einem normalen üblichem Alltagseinsatz aus? Denn auch wasserstoffbetriebene Autos werden vor Unfällen nicht verschont bleiben. Und der gespeicherte Wasserstoff an Bord ist Explosions- und Brandgefahren genauso ausgesetzt wie es heute das Benzin ist. So sicher wird man den Wasserstoff kaum verschließen können, daß keine Brandgefahr von ihm ausgeht, vor allem da er bei fast jedem Mischungsverhältnis brennt!

Also warum soll man nicht gleich Wasser tanken und es an Bord spalten ? Denn einmal muß man es getan werden, egal ob vorher außerhalb des Autos, oder nachher im Auto, da führt kein Weg vorbei. Die "Anbordspaltung" hätte den großen Vorteil, daß eine Brandgefahr im Falle eines Unfalles weitgehend gebannt wäre, jedenfalls was den Treibstoff betrifft.

Bekanntlich brennt Wasser nicht !

In den 60er und 70er Jahren hatte man noch große Hoffnungen in die aufstrebende Atomwirtschaft mit ihren Kernreaktoren gesetzt. Man hatte auf billigen massenhaften Strom gebaut der auch zur Erzeugung von Wasserstoff durch Elektrolyse im großen Stil gedacht war. Bei den derzeitigen Rohstoffverteuerungen und Verknappungen kann es außerdem passieren, daß wir nach der Abhängigkeit von Erdöl in die von Uran geraten.
(Nun, dieser Punkt hat sich fast schon von selbst erledigt, auch die Hoffnung auf vielen billigen Atomstrom war trügerisch und führte nur in eine Sackgasse).

Deshalb sollte ein Weg gefunden werden, Wasser direkt beim Verbraucher zu spalten, ohne allzuviel Zwischenstationen und Transportwege.
Wie schon erwähnt, benötigt man zur Spaltung des Wassers große Mengen Energie. Hier müßte ein ähnliches Verfahren wie beim Brutreaktor (schnellen Brüter) gelingen (natürlich ohne die gefährlichen Nebenerscheinungen). Denn dieser Reaktortyp erzeugt während des Betriebes das spaltbare Material Plutonium, aus dem unspaltbaren natürlichen Uran U 238. Somit kann sich dieser Reaktor von selbst mit spaltbarem Material versorgen. *(Leider ist Plutonium hochgiftig - und das war das Aus).*

4.6 Physikalische Eigenschaften des Wasserstoffs

Gasdichte (0^0 C, 760 Torr)	0,08987 kg/m^3
Dichte des flüssigen Wasserstoffes	0,0708 kg/dm^3
Molekulargewicht	2,01594
Kritische Temperatur	$-239,9\ ^0$ C
Kritischer Druck	12,9 bar
Siedepunkt	$-252,8\ ^0$ C
Schmelzpunkt	$-259,2\ ^0$ C
Verdampfungswärme am Siedepunkt	9,75 kcal/m^3
	40,81 kJ/m^3
Zündbereich an der Luft	4,0 bis 76,6 Vol %
Zündtemperatur	576 ^{0} C
Verbrennungstemperatur mit Luft	2.045 ^{0} C
Verbrennungswärme	58 kcal/Mol
	242,76 kJ/Mol
Heizwert	28.570 kcal/kg
	119.579,735 kJ/kg
Heizwert	2.570 kcal/m^3
	10.756,735 kJ/m^3
max. Zündgeschwindigkeit in Luft	280 cm/s

4.7 Berechnung des Wasserstoff- und Sauerstoffanteils in einem Liter Wasser

Molekülmassen (bezogen auf ^{12}C = 12,00000 u oder g)

Wasserstoff   H =   1,00797 g

Sauerstoff   O = 15,99940 g

H_2 = 2,01594 g

O = 15,99940 g

H_2O = 18,01534 g

Anzahl der Mole in einem Liter Wasser (H_2O) :

Ein Liter Wasser = 1.000 g

1.000 g / 18,01534 g = 55,51 Mole

H_2 = 55,51 Mole   und   1/2 O_2 = 27,75 Mole

Bei Gasen nimmt 1 Mol immer den Raum von 22,4 Liter, bei 0°C und 760 Torr, ein.

Somit erhält man mit 55,51 Molen H_2 * 22,4 Liter =

1.243,38 Liter H_2

und mit 27,75 Molen O_2 * 22,4 Liter =

621,6 Liter O_2

Also können rund 1245 Liter Wasserstoff und 622 Liter Sauerstoff aus einem Liter Wasser gewonnen werden.

Rückrechnung zur Probe :

1 Liter Sauerstoff (O_2)   wiegt 1,429 g
1 Liter Wasserstoff (H_2) wiegt 0,08987 g
1.243,38 l H_2 * 0,08987 g/l = 111,74 g H_2
 621,6 l O_2 * 1,429 g/l = + 888,26 g O_2
                            = 1000,00 g H_2O

Eine zweite Möglichkeit der Berechnung des Wasserstoff-Sauerstoffanteils in einem Liter Wasser bieten die Massenverhältnisse :

Das Massenverhältnis von Wasserstoff zu Sauerstoff im Wasser beträgt   1 zu 7, 936.

1.000 g Wasser / 8,936   = 111,9 = 1 Anteil
                         = 111,9 g Wasserstoff
 111,91 * 7,936 = + 888,1 g Sauerstoff

                = 1.000 g Wasser

Probe :

111,9 g H_2 geteilt durch 0,08987 g/l = 1.245,13 l H_2
888,1 g O_2 "   "   1,429 g/l = 621,48 l O_2

Heizwertberechnung von Wasser bzw. Wasserstoff im Vergleich zu Steinkohle : (1 kcal = 4,1855 kJ)
Heizwert von Wasserstoff =
2.570 kcal/m^3 = 2,57 kcal/l = 10,75 kJ/l oder
28.570 kcal/kg = 28,57 kcal/g = 119,58 kJ/g
1 Mol = 58 kcal = 242,76 kJ

Nach Aufspaltung in Wasserstoff und Sauerstoff ergibt der aus 1 Liter Wasser gewonnene Wasserstoff pro Liter folgenden Heizwert, nach der Gewichtsberechnung :
111,74 g * 28,57 kcal/g = 3.192,5 kcal = 13.362,2 kJ

und nach der Molberechnung :
55,51 Mol * 58 kcal/Mol = 3.219,6 kcal = 13.475,5 kJ

Die kleinen Differenzen < 1% in den Endergebnissen ergeben sich durch die verschiedenen spezifischen Angaben in der Fachliteratur.

Arithmetischer Mittelwert beider Ergebnisse :
(3.192,5 kcal + 3.219,6 kcal) / 2 = 3.206 kcal

Wenn man die Steinkohle zum Vergleich hernimmt, sieht das Ergebnis wie folgt aus :

1 kg Steinkohle besitzt den Heizwert von etwa 7.000 kcal

7.000 kcal / 3.206 kcal   =   2,18   reziprok   0,458

Das bedeutet : Ein Liter Wasser besitzt den Heizwert von fast einem halben kg Steinkohle !

4.8 Wasserstoffbedarf eines mittelgroßen Hubkolbenmotors

Bevor ich auf die verschiedenen Vorschläge zur Wasserstoffgewinnung eingehe, will ich zuerst den Bedarf eines Motors, den er zum Betrieb benötigt, berechnen. Dabei gehe ich von einem kleineren Mittelklassewagen aus, der einen 1.200 cm^3-Hubraummotor mit 54 PS besitzt.

Rein rechnerisch müßte die Mischung 40% H_2 zu 60% Luft betragen, da die Luft etwa 20% freien Sauerstoff besitzt und jedes Sauerstoffatom zwei Wasserstoffatome an sich binden kann. Aber bei Verbrennungsvorgängen in Motoren wird der Treibstoff normalerweise immer mit Sauerstoffüberschuß verbrannt. Deshalb wähle ich für meine Rechnung 20% Wasserstoffanteile für die Zylinderfüllungen bei verschieden hohen Drehzahlen, wie der Höchst-, der mittleren- und der Leerlaufdrehzahl.

Höchstdrehzahl = 5.000, mittlere - = 2.900 und Leerlauf-Drehzahl = 800 1/min

Jeder 4. Takt ist ein Arbeitstakt und benötigt 2 Kurbelwellenumdrehungen dazu. D.h. die oben genannten Drehzahlen für die Berechnungen der Zylinderfüllungen halbieren sich.

Hubraum = 1.200 cm³ = 1,2 Liter
Wasserstoff-Füllung = 20% Vol. = 1/5 = 0,2
Benötigter Wasserstoffbedarf für eine Minute in Litern =
Hubraum * Füllfaktor * Drehzahl / 2 = (für max. Drehz.)
1,2 Liter * 0,2 * 5.000 1/min   / 2 =   600 1 H_2/min

(Im 1974 herausgegeben Buch "Neuen Kraftstoffen auf der Spur" vom Bundesministerium für Forschung und Technik, ist folgende Angabe für den Verbrauch eines 75kW (100PS) Motors bei Vollast angegeben :
1 Mol/s = 1.344 l/min, wobei dieser Angabe nicht klar zu entnehmen ist, ob sie empirisch ermittelt oder auch rechnerisch erstellt wurde.)

für die mittlere Drehzahl =
1,2 Liter * 0,2 * 2.900 1/min   / 2 =   348 1 H_2/min
für die Leerlaufdrehzahl =
1,2 Liter * 0,2 *   800 1/min   / 2 =   96 1 H_2/min

Der Stundenverbrauch sieht dementsprechend wie folgt aus, in der selben Reihenfolge :
Bei max. Drehzahl = 600 1 H_2/min * 60 min = 36.000 l/h
bei mittl.   "   = 348 1 H_2/min * 60 min = 20.880 l/h
im Leerlauf   = 96 1 H_2/min * 60 min = 5.760 l/h

Aus einem 40-l-Tank eines Mittelklassewagens lassen sich somit folgende Werte für die zu erzielende Wasserstoffmenge, Betriebszeiten und Kilometerleistung berechnen.

Aus einem Liter Wasser erhält man = 1.245 l H_2
aus einem 40-l-Tank erhält man dann = 49.800 l H_2
Verbrauch bei max. Drehzahl = 600 l H_2/min

Zeit = Wasserstoffmenge / Verbrauch pro Minute
t = 49.800 l / 600 l/min = 83 min = 1 h 23 min
bei maximaler Drehzahl erreicht das Fahrzeug 140 km/h
Aktionsradius ;   Weg = Geschwindigkeit * Zeit
s = v * t = 140 km/60min * 83 min = <u>194 km</u>

Mit Benzin betrieben :
40 l Tank   12 Liter Verbrauch bei max. Drehzahl pro h
t = V / Verbrauch pro h = 40 l/12 l pro h = 3,33 h = 3 h 18 min oder auch 200 min
Aktionsradius ;   Weg = Geschwindigkeit * Zeit
s = v * t = 140 km/h * 3,33 h = <u>466 km</u>

<u>Vergleich</u>
Verhältnis von Benzin- zu Wasserstoffbetrieb
i = 466 km / 194 km oder 200 min / 83 min = 2,4

Wenn man diese Ergebnisse miteinander vergleicht, so kann man daraus wieder ersehen, daß Wasserstoff zwar im Verhältnis zu seiner Masse (Gewicht) den höchsten Energiegehalt besitzt, aber eben nicht im Verhältnis zu seinem Volumen.

In vorangegangenen Beispiel schneidet der Wasserstoffbetrieb im Vergleich zum Benzinbetrieb um das rund Zweieinhalbfache schlechter ab. Das hieße, daß man den Tank rund zweieinhalbmal vergrößern müßte um zum selben Aktionsradius zu gelangen wie beim Benzinbetrieb. Aber ein 100-l-Tank für ein Auto dieser Größe wäre dann doch etwas übertrieben. Aber ein 50 bis 60-l-Tank für eine Mindestradius von ca. 250 km läge durchaus im Bereich des Denkbaren.

4.9 Preisvergleich zwischen Benzin - Wasserstoffgas - und Flüssigwasserstoff - zum Motorenbetrieb

Wie schon weiter vorne erwähnt, geht man heute davon aus, den Wasserstoff in irgendeiner Form im Auto mitzunehmen, entweder gasförmig unter Druck in Flaschen, oder gelöst in Metallhydride, oder aber in flüssigem tiefgekühltem Zustand. In nachfolgenden Rechnungen soll ein Preisvergleich zwischen Benzin einerseits und Wasserstoff in beiden Aggregatzuständen andererseits dargestellt werden.
Zum Vergleich wird wieder die vorangegangene Motorengröße von 1,2 l Hubraum herangezogen mit maximaler Drehzahl von 5.000 1/min.

Benzinpreis von ca. 0,90 DM/l   (Stand 1975/76)
Der Wasserstoffgaspreis liegt
zwischen 1,85 und 3,30 DM/m³   Schnitt ca. 2,50 DM/m³
Flüssigwasserstoff kostet
zwischen 20,- DM und 30.- DM/l   Schnitt ca. 25.- DM/l

Benzinverbrauch und Kosten bei max. Drehzahlen = 12 l/h
12 l/h * 0,90 DM = 11,80 DM   runde 12.-DM/h

Kosten bei Wasserstoffgasbetrieb mit max. Drehzahl
Wasserstoffbedarf = 600 l/min Kosten = 2,50 DM/m^3
600 l/h * 60 = 36.000 l/h = 36 m^3/h
36 m^3/h * 2,5 DM/m^3 = $\underline{90.\text{- DM/h}}$

Kosten bei Flüssigwasserstoffbetrieb mit max. Drehzahl
Wasserstoffbedarf = 600 l/min Kosten = 25,- DM/l
1 dm^3 Flüssigwasserstoff ergeben rund 790 Liter gasförmigen Wasserstoff.
36.000 l/h : 790 l/dm^3 = 45,6 dm^3/h
45,6 dm^3/h * 25.- DM/dm^3 = $\underline{1.140\text{ DM/h}}$

Somit ergebten sich folgende Verhältnisse :

(Preisstand von 1975/76)

Benzin	:	Wasserstoffgas	:	Flüssigwasserstoff
12.- DM	:	90.- DM	:	1.140.- DM
1	:	7,5	:	95

Allein dieser Vergleich zeigt schon, daß Wasserstoffnutzung für den Straßenverkehr bei diesem Preismißverhältnis chancenlos ist, in den Alltagseinsatz zu kommen.

Also, entweder müssen die Ölscheichs noch ein paarmal den Ölpreis erhöhen, oder aber, was viel besser wäre, es müssen endlich, mit aller Macht, Wege gesucht und gefunden werden, um endlich Wasserstoff viel billiger zu erzeugen.

Glücklicherweise hat sich in dieser Hinsicht in den letzten 25 Jahren etwas getan, denn der Wasserstoffpreis vor allem der für Flüssigwasserstoff ist in dieser Zeit kräftig gefallen ! Preissituation heute (Mitte des Jahres 2000) :

Benzinpreis ca.   = 2.- DM/l
Wasserstoffgas 1,40 DM bis 2,00 DM/m³
Schnitt = 1,70 DM/m³
Flüssigwasserstoff 1,50 DM bis 2,20 DM/l
Schnitt = 1,85 DM/l
Mit diesen neuen Preisen wiederhole ich vorangegangene Kalkulation, gleicher Motor bei höchster Drehzahl.

Benzin   : Wasserstoffgas   :   Flüssigwasserstoff
24.- DM/h   :   61,20 DM/h   :   84,40 DM/h
1   :   2,55   :   3,52

Wie man aus diesem Vergleich ersehen kann, haben sich die Verhältnisse zugunsten des Wasserstoffs gewaltig verschoben.
Diese gute Nachricht wird durch den Einsatz einer modernen PEM Brennstoffzelle noch weiter verbessert. Mehr davon ab Seite 139 und speziell zu den Fällen neuer Verhältnisrechnungen ab Seite 145 bis 147.

4.10 Spaltung des Wassers durch chemische Reaktion

Die Spaltung des Wassers ist mit Hilfe chemischer Reaktionen sehr schnell und gut zu bewerkstelligen. Es gibt verschiedene Chemikalien, die im Wasser mit Metallen durch Erwärmung oxidieren. Bei dieser Oxydation reißt das Metall den Sauerstoff des Wassers an sich, der Wasserstoff wird dadurch frei und steigt nach oben. Dieses Prinzip müßte ohne große Schwierigkeiten auf das Auto übertragbar sein. Wobei der gleiche Tank oder ein etwas vergrößerter zum Einsatz kommen könnte wie heute üblich. Dieser wird mit Wasser gefüllt und mit folgenden Chemikalien versehen :

Natriumcarbonat - Calciumhydroxid - Al-Späne oder Al-Folienschnitzel.

Die benötigte Wärme zum Zustandekommen der chemischen Reaktion, könnte man leicht aus der Wärmeabstrahlung des Auspuffrohres gewinnen, indem man ganz einfach den Auspuff durch den Tank leitet. Auch die gewünschte Wärmezufuhr könnte man auf diese Weise leicht steuern, indem man einmal die heißen Auspuffgase durch den Tank führt oder an ihm vorbei. Ein zusätzliche Regelung wäre mit einer dosierten Einbringung der Al-

Späne (Folienschnitzel) möglich, um einen gewissen Druck im Vorratsbehälter aufrecht zu erhalten.

Folgende Nachteile wären zu beachten :

Die Herstellung der benötigten Chemikalien kostet auch Energie.

Großer Al-Verbrauch für viele Kfzs.

Tank müßte wegen der Schlammbildung öfters gereinigt oder gewechselt werden.

Wobei man sich zum Wechseln der Tanks ein ähnliches Tauschsystem vorstellen könnte, wie das heute mit Sauerstoff-, Stickstoff-, Azetylenflaschen usw. gehandhabt wird. Also, man gibt den verschlammten Tank bei einer Station ab und erhält einen (gebrauchten) neuen.

Wasserspaltung mit Chemiekalien u. Wärme

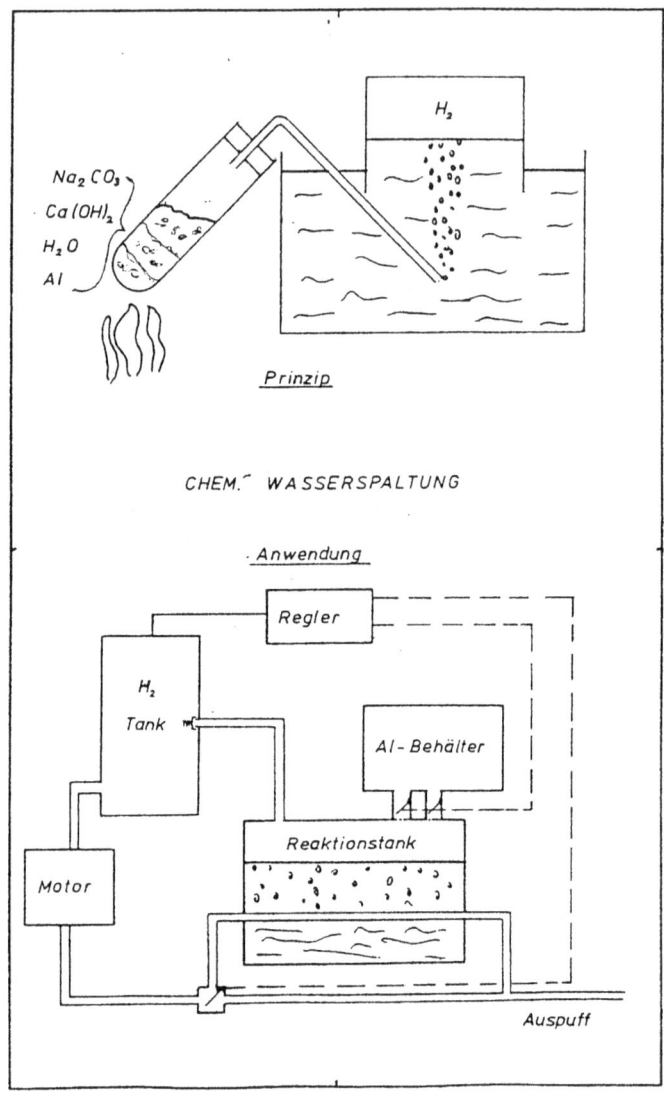

Im Versuch wurde mit dem Reagenzglas von rund 5cm³ Füllung hochgerechnet auf die Minute ca. 400cm³ Wasserstoff erzeugt. Das heißt, daß man aus einem 40-l-Tank;
40.000 cm³ : 5 cm³ = 8.000 mal
soviel Wasserstoff erhalten müßte wie im Reagenzglas, also 400cm³/min * 8.000 = 3.200.000cm³/min =
3.200 Liter Wasserstoff/min

Verbrauch des 1,2-l-Motors waren 600 l/min bei max. Drehzahl. Das wären 5 1/3 mal soviel wie bei höchster Drehzahl benötigt.

Die Gesamtausbeute aus obigem Volumen aus 5cm³ Wasser, Al und Chemikalien betrug ca. 5 Liter Wasserstoff ;
8.000 * 5 l = 40.000 Liter Wassersoff
40.000 l H_2 : 600 lH_2/min = 66,66 min
Somit wären nur 1h und 6 min Betrieb unter max. Bedingungen ohne Tankvergrößerung möglich.

Bei einer Tankverdoppelung auf 80 Liter käme man immerhin auf eine Betriebszeit von knapp 2 1/4 Stunden bei max. Belastung.

4.11 Die Spaltung des Wassers mit Gleichstrom

Wasser läßt sich mit Hilfe von Gleichstrom in seine Bestandteile von Wasser- und Sauerstoff spalten, da das Wassermolekül durch seine beiden Element verschiedene Ionen-Ladungen besitzt, die beim Anlegen einer Spannung (Zellenspannug 1,78 bis 1,99 V) nach der jeweiligen Elektrode angezogen werden. Dabei muß sich das Wassermolekül teilen.

Dieses Prinzip könnte man sehr gut im Auto anwenden. Denn wenn der Motor läuft, läuft auch die Lichtmaschine zur Erzeugung des Bordstromes. Doch die Sache hat einen Haken, nämlich den, daß die Elektrolyse mehr Strom benötigt als anschließend durch den Motoren- und Lichtmaschinenbetrieb erzeugt werden kann. An dieser Stelle kann ich nur wieder auf das Prinzip des Schnellen Brüters verweisen, der mehr spaltbares Material erzeugt als er selber benötigt. Eine ähnliche Metohde sollte mit dem Elektrolyse-Motorenbetrieb gelingen. Ich denke dabei z.B. an sehr poröse Elektroden zwecks möglichst großer Oberflächen, Suche nach wirksameren Spannungen, Strömen, Elektrodenmaterial, elektrolityschen Flüssigkeiten und schließlich nach einem Katalysator, der die Sache richtig in Schwung bringt.

Wasserspaltung mit Gleichstrom

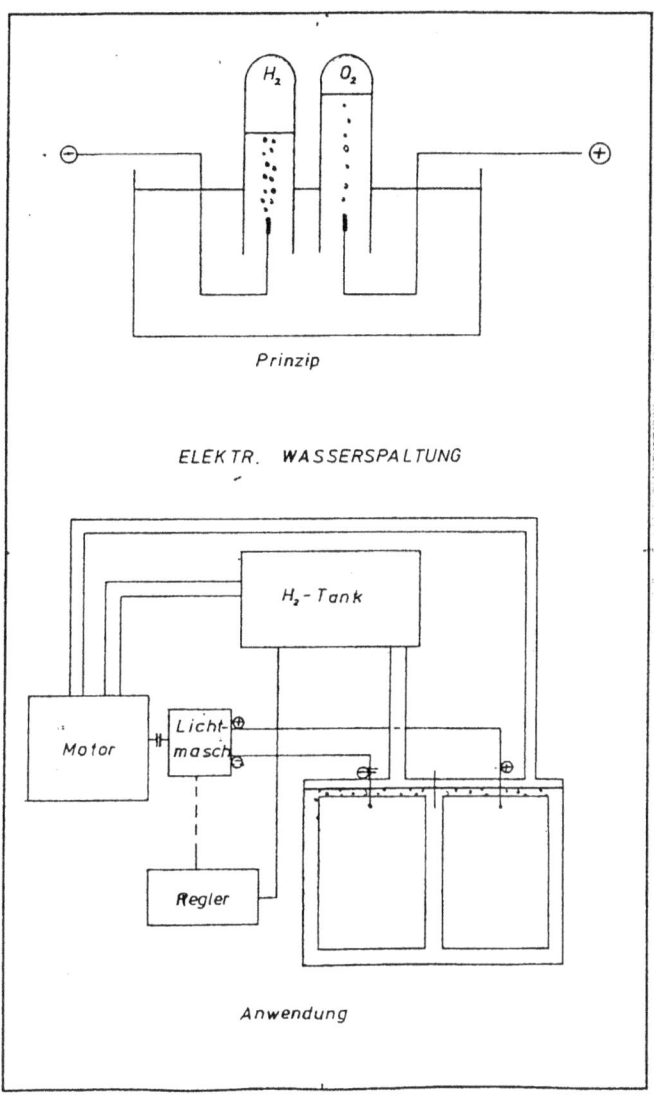

4.12 Wasserspaltung mit Wärme

Bei einer Temperatur oberhalb 2.000 ^{0}C fängt das Wasser an, sich wieder in seine Einzelteile Wasserstoff und Sauerstoff aufzuspalten. Bei 3.000 ^{0}C beträgt die Spaltung bereits 1/4 der Wassermoleküle.

Mit diesen Temperaturen in einem Auto arbeiten zu wollen, ist wohl kaum möglich.

Deshalb ein Blick in die Natur :

Die Pflanzen nehmen durch die Wurzeln Wasser und über die Blätter Kohlensäure auf. Sie spalten das Wassermolekül auf und fügen es zusammen mit dem Kohlendioxid zu einem neuen Molekül, das dann Kohlenstoff, Wasserstoff und Sauerstoff enthält und somit Kohlehydrat ergibt. Diese Kohlehydratmoleküle werden in das häufigste Kohlehydrat Zucker ($C_6H_{12}O_6$) umgewandelt.

Für diesen Vorgang wird die Sonne noch als Energiequelle benötigt - das ganze heißt Fotosynthese.

Das Erstaunlich dabei ist, daß Pflanzen mit der Fotosynthese bei Normaltemperatur bewerkstelligen, was dem Menschen erst bei einer Temperatur oberhalb 2.000 ^{0}C mit Mühe gelingt: Sie spalten Wassermoleküle.

Hinter diesem Wunder steckt ein Katalysator - der grüne Farbstoff Chlorophyll. Wird Chlorophyll dem Sonnenlicht ausgesetzt, dann wird es zu schnellen Schwingungen angeregt und bewirkt mit einer Art Hammerschlägen das Aufbrechen der Wassermoleküle.

Was hier den Pflanzen gelingt, müßte auch uns gelingen. Von der Natur abschauen und nachahmen heißt das Motto, oder mit anderen Worten, Biomechanik - Bionik anwenden. Die Natur als Lehrmeister nutzen !

Dabei würde es schon viel nützen, wenn die Wasserspaltungstemperatur, nicht wie bei den Pflanzen auf normale Umgebungstemperatur, sondern mit Hilfe eines Katalysators auf wenigstens ca. 500 - 600 ^{0}C absenkbar wäre. Dann könnte man das Wasser wie in Dieselmotoren üblich einspritzen, durch die hohe Kompressionswärme würde es sich aufspalten und könnte mit Zündkerzenzündung wie beim Benzinmotor zur Verbrennung gebracht werden.

Ja man könnte den Faden oder die Idee sogar weiterspinnen und daraus einen fast geschlossenen Kreislauf fabrizieren. Ist nämlich der Motor erst einmal in Gang gestezt, könnte man den Ventilbetrieb abschalten bzw. geschlossen halten. Denn nach der Verbrennung erhält man, wie weiter vorne schon beschrieben, als "Abfall" nur Wasser und Wasserdampf, der sich bei der nächsten Verdichtung wieder in Wasserstoff und Sauerstoff aufspalten würde usw. usw.

Es wären nur die Verluste zu ersetzen, die über Kolbenringe, Ventilsitze und Zündkerzen verlorengingen, also etwas Wasser mit dem Katalysator versetzt, je nach Verlust zuspritzen.

4.13 Wasserspaltung durch Licht

Durch die Energie des ultravioletten Sonnenlichtes wurden die chemischen Bestandteile der Uratmosphäre während der Jahrmilliarden langsam in ihre atomaren Bausteine zerlegt, die sich dann zu neuen chemischen Verbindungen zusammenfanden. Die Zerlegung der Uratmosphäre bestehend aus Ammoniak, Methan (CH_4) und Wasser (H_2O) lieferte Kohlenstoff (C) und Sauerstoff (O), die damit Kohlendioxyd (CO_2) bildeten.
Der aus Ammoniak (NH_3) befreite Stickstoff (N) erzeugte dagegen den freien Stickstoff, den wir heute noch in der Erdatmosphäre vorfinden. Die leichten Wasserstoffatome (H) aber entwichen in den Weltraum.
Ultraviolettes Licht können wir heute mit Hilfe elektrischen Stromes erzeugen. Um mit diesem Prinzip aber das Wasser aufspalten zu können, müßte ein Weg gefunden werden, diesen Vorgang entscheidend zu beschleunigen. Indem mit einer Intensitätssteigerung und Bündelung wie sie beim Laserstrahl angewendet wird eine schnelle ausreichende Wasserspaltung zu erreichen. Es ist der richtige Laserstrahl mit der richtigen Frequenz und Stärke zu suchen. Wie wäre es z.B. mit einem intensiv pulsierenden Laserstrahl ?

4.14 Wasserspaltung durch Schall

Jeder Stoff - jede Materie besitzt eine gewisse Eigenschwingung (Resonanz). Diese einmal angeregt das gilt hauptsächlich für Festkörper kann die ständige Steigerung bis zur Zerstörung des Materials führen. Für Glas trifft das besonders zu.

Als ein bekanntes Beispiel solch eine Demonstration für die Zerstörung eines Glases müßte das von Enrico Caruso sein.

Dem vernehmen nach konnte Caruso angeblich allein mit der Kraft seiner Stimme und dem richtigen Ton ein Sektglas, das er dazu dicht vor seinen Mund hielt, zum Zerspringen bringen.

Dieses Prinzip müßte, in irgendeiner Weise, auch auf die Wasserspaltung übertragbar sein. Z.B. indem man Wasser bzw. einen Wasserstrahl oder fallende Wassertropfen, mit Hilfe geeigneter technischer Geräte (Frequenzmodulatoren) die die Eigenfrequenz des Wassers so versärken könnten, daß dadurch das Wasser in seine Bestandteile zerfällt.

5. Zusammenfassung

Zum Antreiben des Hubkolbenmotors mit Wasserstoff, wäre noch zu bemerken :
Da Wasserstoff ja wieder zu Wasser und Wasserdampf verbrennt und dieser zum Auspuff entweicht, könnte man diesen auffangen, in einem Kondensator wieder zu Wasser kondensieren und ihn anschließend in den Tank zurückführen. Somit wäre auch hier ein geschlossener Kreislauf gegeben. Sicher, ganz ohne Verluste kann und wird es nicht ablaufen. Verluste in Leitungsanschlüssen, Übergängen und Kolbenringen wird es immer geben, alles absolut dicht zu bekommen, ist fast unmöglich und auch gar nicht nötig. Denn was würde es schon ausmachen, den entstehenden Wasserverlust gelegentlich auszugleichen ?

Bei vielen vorangegangenen Vorschlägen wird davon ausgegangen, daß man weniger Energie für die Wasserspaltung aufwenden muß, als man anschließend durch das Betreiben des Motores erhält.
Das verstößt nach heutiger Sicht immer noch gegen den ersten Hauptsatz der Thermodynamik. Aber bedenken wir doch, daß Wasser sich auch gegen alle physikalischen

Gesetze - im Vergleich zu allen anderen Stoffen - verhält.
(Die sogenannte Anomalie des Wassers !)

Die Natur- und Mathematikgesetze erhielten wir auch nicht fertig gegeben wie die Zehn Gebote. Sondern sie wurden über viele Jahrhunderte hinweg, durch Über- und Widerlegungen, Beobachtungen, Schlußfolgerungen, Berechnungen und Forschergeist zusammengetragen und festgelegt. Viele davon erfuhren im Laufe der Zeit eine oder sogar mehrere Änderungen, einige mußten sogar völlig neu geschrieben werden, weil neue Erkenntnisse dies erzwangen.

Zum Beispiel wurde noch vor rund 120 Jahren auch von ernst zunehmenden Wissenschaflern steif und fest behauptet, daß Luftfahrtgeräte die schwerer als Luft sind, nie fliegen könnten. (Also alles außer den schon bekannten Gasballonen und Luftschiffe waren damit gemeint, die als leichter Luft Geräte galten). Dieselben Leute könnten heute über den global pulsierenden Luftverkehr nur noch Mund und Augen aufsperren, wie sehr sie mit ihren Behauptungen daneben lagen. Aber so ein paar verrückte und von ihren Ideen besessene Tüftler hatten damals den Gelehrten nicht geglaubt, sich darüber hinweggesetzt und sind am Ende, zum Erstaunen aller, dann doch geflogen. Lilienthal flog 1891 in Deutschland zum ersten Mal motorlos (Gleitflüge) und die Gebrüder Wright flogen 1903 in den USA motorisiert.

Wer völlig neue Wege sucht und beschreiten will, kann keinen alten Pfaden folgen. Mit herkömmlichen Gesetzen kann man nichts Neues entdecken. Neue Wege verlangen neue Gesetze.

Von neuen Ideen träumen und an deren Verwirklichung glauben, so gewinnt man die Zukunft, nicht mit Zaudern, Zögern und zweifelnd den Kopf wiegen. Auch wenn man am Ende nur einen Teilerfolg erzielt, so ist doch etwas erreicht. Schon Konfuzius sagte: "Es ist besser, eine Kerze anzuzünden, als über die Dunkelheit zu jammern". Wenn das nicht so wäre, würden wir heute noch in Höhlen hausen und mit dem Steinbeil zufrieden sein.

Allein im letzten Jahrhundert wurden so große Fortschritte und ein Entwicklungsstand erreicht wie in keinem Jahrhundert zuvor. An die Verwirklichungen wagten damals selbst die größten Phantasten nicht einmal in ihren kühnsten Träumen zu denken.

Es gibt heute Dinge, die man sich vor hundert Jahren noch nicht einmal vorstellen konnte, daß sie eines Tages mal geben wird, wie z.b. die ganze Microelektronik und Computertechnik.

Der heutige Traum von der Deckung des Energiebedarfs kreist um den Fusionsreaktor, der alle Energieprobleme im Handumdrehen lösen würde. Aber die Fusionsreaktoren von heute sind immer noch im Versuchsstadium. Mit dem heutigen Wissensstand, Technik und Mitteln ist noch kein wirtschaftlicher Gebrauch möglich, aber man hofft, daß in den nächsten 50 Jahren der Traum wahr wird.

Mein Traum wäre eine rationelle Spaltung des Wassers. Mit Hilfe eines Katalysators, den es natürlich erst noch zu finden gilt, der dem Wasser zuzusetzen wäre könnte man vielleicht den ersten Hauptsatz der Thermodynamik "überlisten".
Der Katalysator sollte das Wasser gewissermaßen in einen labilen Zustand versetzen, so daß es nur noch einens kleinen Anstoßes (Energieeinsatzes) bedarf, um das Wasser in seine Bestandteile von Wasserstoff und Sauerstoff zerfallen zu lassen. Nur mit theoretischen Gedankenspielen und Überlegungen wird

eine neuartige Wasserspaltung bzw. eine bahnbrechende Wende wohl leider nicht zu schaffen sein. Sondern für jede einzelne Möglichkeit der Wasserspaltung gehört mindestens ein Forscherteam mit den besten Leuten und einem gut gefülltem Budget angesetzt. Das Leitmotto für die Teams muß lauten: Wo ein Wille ist, da ist auch ein Weg!

Luft- und Raumfahrt waren in der Vergangenheit und sind noch in der Gegenwart, große Wegbereiter in Sachen Fortschritt und Entwicklung des modernen Lebens. Auch für das normale Alltagsleben stammen viele Dinge des täglichen Gebrauchs aus dieser Technik. (Aluminium, Teflon, Transistoren, integrierte Schaltungen uvm.).
Es ist nur zu hoffen, daß die Luftfahrt auch hier eines Tages wieder als Schrittmacher vorrangehen wird, denn der Antrieb von Turbinenmotoren mit Wasserstoff ist besonders geeignet. In der Raketentechnik werden schon lange Wasser- und Sauerstoff als Antriebsmittel eingesetzt. Flüssigwasserstoff als Flugzeugtreibstoff besitzt bei gleichem Energieinhalt im Vergleich zu Kerosin nur etwa ein Drittel der Masse (Gewicht), allerdings benötigt er dafür ein Dreifaches an Volumen. Die größeren Tanks könnten in die Flugzeugzelle integriert und an den Tragflächenenden angesetzt werden.

Die eingesparte Masse an Treibstoff bedeutet im Vergleich zu Kerosin fast eine Verdreifachung der Nutzlast.

Unter der Voraussetzung kostengünstiger Wasserstofferzeugung ist zu erwarten, daß sich Flüssigwasserstoff im Flugwesen zuerst durchsetzen wird, aus folgenden Gründen :

+ Große Tanks in Flugfeldnähe und somit direkt beim Verbraucher sind vorhanden, es müßte am Anfang kein großes Verteilernetz aufgebaut werden - im Gegensatz zum Straßenverkehr - die wenigen Wasserstofflager würden sich anfangs auf ein paar Flughäfen beschränken.

+ Geschultes Personal für die Handhabung gefährlicher Stoffe ist schon vorhanden.

+ Verschärfte Forderungen zum Umweltschutz verteuern das Flugwesen.

+ Der Nutzlastfaktor wird enorm verbessert.

Kurz noch zur Energielage von heute (1975/76). Durch den Preis und die Abgasbestimmungen usw. kommen die herkömmlichen Kraftwerke ins Hintertreffen, deshalb erhofft man sich die Stromerzeugung durch die Kernkraftwerke zu lösen. Aber diese bergen wieder neue und andere Gefahren in sich, wie radioaktive Strahlung, und ungelöste Abfallprobleme usw.

Deshalb sind die Atomgegner auf den Plan getreten und fordern die Einstellung des Betriebes der Atomreaktoren. Diese Gegner währen aber andererseits wahrscheinlich diejenigen, die dann am lautesten schreien würden, wenn es keinen elektrischen Strom mehr von einem auf den anderen Tag geben würde. Wegen des strahlenden Abfalls sollte die Kernenergie nur eine vorübergehende, möglichst kurze Erscheinung der Energieerzeugung sein. (Wobei kurz heißen soll, daß die Lebensdauer dieser Kernkraftwerke trotzdem ausgeschöpft werden sollte, denn sie haben schließlich Milliarden von Steuergeldern verschlungen).
Sie sollten nur als Zwischenlösung fungieren, so wie es Kohle und Öl auch sein sollten, bis endlich bessere, saubere und umweltschonende Energieträger gefunden sind. Nur sollte diese Zwischenzeit endlich verstärkt zur Suche von solchen völlig neuartigen Energiequellen genutzt werden. "Denn Zeit gewonnenn, heißt alles gewonnen."

"Opfer müssen gebracht werden." So lauteten Otto Lilienthals Worte nach seinen letzten Gleitflug (1896) bei dem er sich lebensgefährlich Verletzungen zugezogen hatte. Dieses Risiko für den Fortschritt müssen wir wohl für alle Zeiten eingehen, denn nur Vorteile ohne Nachteile gibt es nirgends.

Jeder Fortschritt verlangt Ofper. Wenn uns vor 100 Jahren jemand vorausgesagt hätte, daß wir durch das Auto einmal runde 8.000 Unfalltote pro Jahr allein in Deutschland zu beklagen haben würden, so wäre das Automobil vielleicht nie in Produktion gegangen, aber man nimmt das hin als Preis des Fortschritts und der freien Entfaltung der Persönlichkeit. Genauso wie die vielen Toten bei Flugzeug- und Eisenbahnkatastrophen. Denn wo der Mensch seine Hand im Spiel hat, unterlaufen ihm auch Fehler, oft genug auch tödliche Fehler. So ist z.B. das Risiko, in einen tödlichen Unfall verwickelt zu werden, ein mehrfaches höher, als einen Sechser im Lotto zu erzielen. An einen tödlichen Unfall will keiner denken, aber auf einen unwahrscheinlichen Glücksfall hoffen viele.

Auch heute noch müssen wir ein gewisses Risiko für unseren Fortschritt in Kauf nehmen. Diese Risiken gibt es in der Technik, Medizin und auch in der Energiewirtschaft, und jeder Fortschritt fordert seinen Preis.

6. Aussichten und Schlußwort

Als ich meine Technikerarbeit damals geschrieben habe, wurde noch große Hoffnung in die Kernenergie für die Großerzeugung von Wasserstoff gesetzt. Doch diese Hoffnung hat sich in der Zwischenzeit zerschlagen, denn dieser Weg läßt sich wahrscheinlich politisch und gesellschaftlich nicht mehr durchsetzen. Auch die Solarenergiegewinnung hat mehrere "Pferdefüße". Erstens ist die ganze Photovoltaik noch immer nicht so weit, daß sie für den Großeinsatz zu verwenden wäre. Zweitens, wenn diese Anlagen im "Sonnengürtel" der Erde installiert werden sollten, kämen wir von einer Abhängigkeit in die andere. Nämlich statt vom Erdöl nun in die vom solar erzeugten Wasserstoff! ! !

Mit der Wasserstofferzeugung im großen Stil stößt man heute immer noch schnell an Kapazitätsgrenzen. Von dem Vorschlag, den Wasserstoff über die Photovoltaik in den Wüstengebieten zu gewinnen, halte ich nicht so viel. Er müßte dann verflüssigt und tiefgekühlt in Gastanker oder über ein Pipelinenetz in die Industrieländer transportiert werden. Dies erfordert ein riesiges Verteilungsnetz mit Riesensummen für diese Kryotechnik und einen riesigen Energieaufwand zur Aufrechterhaltung dieser sehr tiefen Temperaturen (der Schmelzpunkt von Wasserstoff liegt immerhin bei minus 257 ^{0}C, er ist somit nicht mehr sehr weit vom absoluten Nullpunkt mit seinen -273,15 ^{0}C entfernt).

Nun stehen wir an der Schwelle zum dritten Jahrtausend, aber der Durchbruch zur generellen Anwendung der Wasserstofftechnologie läßt immer noch auf sich warten. Und wenn man die Prognosen der Auguren, der im Anhang stehenden Presseberichte liest, so waren diese Zukunftseher von damals, was die Wasserstofferzeugung und Anwendung betrifft, viel zu euphorisch und optimistisch.
Leider, muß man sagen, leider !
Dazu kommt noch, daß viele Schreiber von damals, immer wieder erwähnen und darauf hinweisen, daß die Atomkraftwerke viele Energieprobleme quasi so ganz nebenbei lösen werden. Auch die Wasserspaltung und dadurch die Gewinnung von riesigen Mengen von Wasserstoff sollte durch die Überkapazitäten der Kernkraftwerke so locker nebenher erreicht werden. Doch diese Träume sind zerstoben, denn ein weiterer Ausbau der Kerntechnik stößt auf die Ablehnung eines großen Teils der

Bevölkerung. Ein akzeptiertes Endlager für den radioaktiv strahlenden Abfall gibt es bis heute noch nicht. Es wird auch schon ein schrittweiser Ausstieg aus der Kernenergie diskutiert.

Trotzdem stand die Entwicklung und Anwendung von Wasserstoff in den letzten Jahren natürlich nicht still. Vor allem die sogenannte Brennstoffzelle hat in den letzten Jahren eine rassante Entwicklung erfahren. Ihr wird wohl auch die Zukunft gehören. Denn sie hat keine beweglichen Teile, es gibt somit keine Reibung und kaum Verschleiß. Selbst der Wirkungsgrad übertrifft heute schon alle bekannten Wärmekraftmaschinen. Egal ob Benzin-, Dieselmotor oder Dampf- und Gasturbine, alle vier haben bei einer Leistung von ca. 100 kW einen Wirkungsgrad um die 25%, während eine Brennstoffzelle es bei dieser Leistung ziemlich genau auf das Doppelte bringt.

Das Prinzip der Brennstoffzelle ist das Gegenstück zur Elektrolyse. Während bei der Elektrolyse Strom in das Wasser geleitet wird, um es in seine Bestandteile von Wasserstoff und Sauerstoff aufzuspalten, wird bei der Brennstoffzelle Wasserstoff und Sauerstoff in einen Elektrolyten geleitet und man erhält elektr. Strom und Wasser.

Wobei man sagen muß, daß der Namen Brennstoffzelle etwas unglücklich und ungenau gewählt wurde. Es brennt nichts bei diesem Vorgang und darf auch nichts brennen bei dieser Art der Stromerzeugung. Denn Wasserstoff und Sauerstoff dürfen nicht direkt aufeinander treffen, sonst entsteht Knallgas. Auch die Bezeichnung kalte Verbrennung gibt die Sache unklar wieder. Oxidationszelle (sauerstoffverbindende Zelle) wäre wohl der beste Begriff.

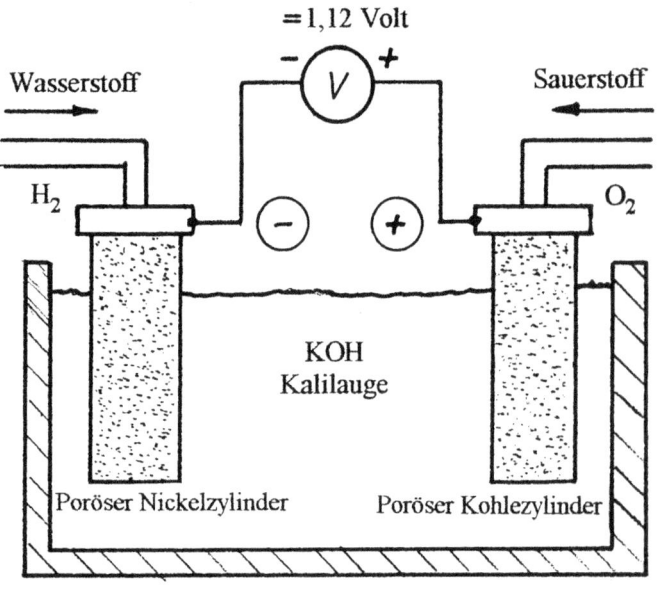

Schema des 1953 öffentlich vorgeführten Schauversuchs "Kalte Verbrennung von Wasserstoff".
Der Spannungsmesser zeigt 1,12 Volt an.

Die Brennstoffzelle fand erstmals praktische Anwendung in der Raumfahrt.

Die Gemini-Raumkapseln, mit denen die NASA in den USA ab 1965 die bemannte Weltraumfahrt vorantrieb, bezogen ihre Energie für Funkverkehr und Bordcomputer aus mehreren Brennstoffzellen. Ihr Vorteil: Sie arbeiteten aufgrund fehlender mechanischer Bestandteile in der Schwerelosigkeit des Weltraums ohne nennenswerte Schwierigkeiten, und da als Endprodukt neben der Elektrizität nichts anderes als Wasser übrig blieb, dienten sie gleichzeitig als eiserne Reserve für den Flüssigkeitsbedarf der Astronauten.

Die heutigen Brennstoffzellen sind folgendermaßen aufgebaut: Eine gasdichte Polymerfolie (PEM) trennt Wasserstoff und Sauerstoff voneinander. Die zehntelmillimeterdicke Folie ist auf beiden Seiten mit einer hauchdünnen Schicht Platin als Katalysator beschichtet. Diese zerlegt den Wasserstoff in positive Proton und negative geladene Elektronen. Die Protonen wandern durch die Folie zum Sauerstoff, mit denen sie sich zu Wasser verbinden und dabei eine elektr. Spannung abgeben.

PEM Brennstoffzelle

Diagramm: PEM Brennstoffzelle mit Beschriftungen: Wasserstoff, Wasserdampf, Sauerstoff, ⊖Elektronen, ⊕Protonen, Bipolarplatten, Katalysator (Platin), Polymerfolie (PEM)

Wie weiter vorne und in den Presseberichte im Anhang erwähnt, ist die direkte Mitnahme von Wasserstoff, egal ob gasförmig oder flüssig, etwas problematisch bis gefährlich. Deshalb denkt man daran mit einem Umweg über Methanol dies zu lösen. Als Treib- und Brennstoff für das Automobil der Zukunft bietet sich Methanol auch deshalb an, weil der Umgang damit keine besonders aufwendigen Sicherheitsmaßnahmen erfordert. Es ist ebenso problemlos zu lagern, zu tanken und über das normale Tankstellennetz zu verteilen wie etwa Benzin und Dieselöl.

Doch muß Methanol (CH_3OH), bevor man seine Wasserstoffbestandteile nutzen kann, ebenfalls aufgespalten werden, in einem sogenannten Reformer mit Hilfe eines katalytischen Brenners. Als Nebenprodukte entstehen reines Wasser aber auch Kohlendioxid.

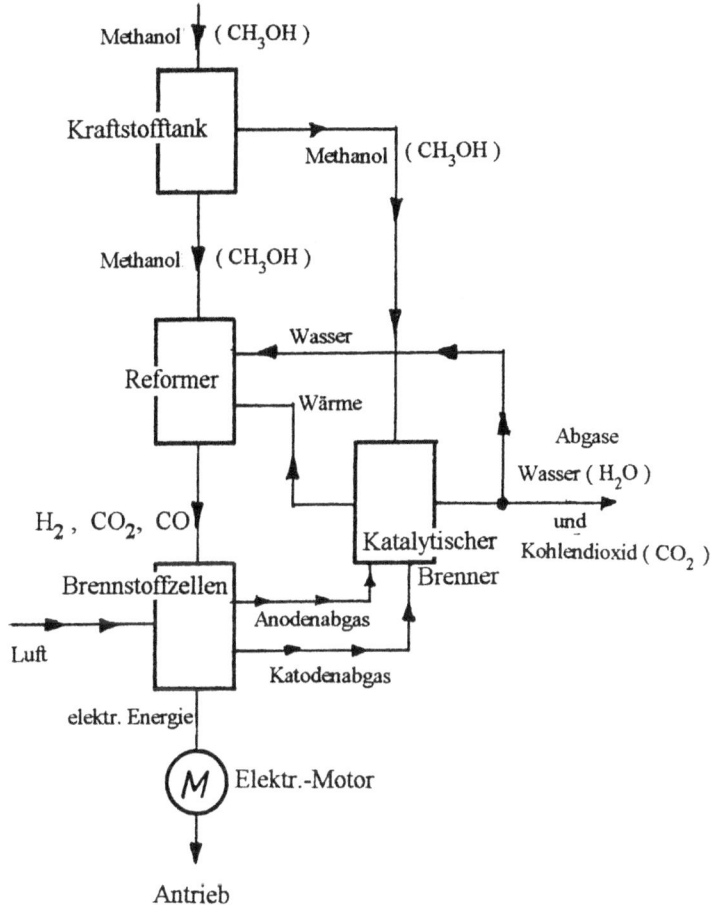

Auf Methanolreforming basierendes Brennstoffzellensystem

Ein Liter Methanol kostet z.Z. (Mitte des Jahres 2000) 1,60 DM. Da aber Methanol nur den halben Energieinhalt von Benzin besitzt, benötigt man doppelt so viel davon. D.h., daß der Spritpreis bei einem Verbrennungseinsatz auf 3,20 DM schnellt. Wenn allerding die Benzinpreise weiter so dramatisch steigen wie die letzten 12 Monate (ca 24%), so wäre dieser Punkt bald angeglichen. Vor allem wenn man bedenkt, daß der Wirkungsgrad einer Brennstoffzelle immer höher ist als der der besten Wärmekraftmaschine, oder anders ausgedrückt man wird nicht wirklich die doppelte Menge Methanol benötigen, um auf die gleiche Leistung wie beim Benzinbetrieb zu kommen.

So lange allerdings wie wir Methanol aus Erdöl, Erdgas und Kohle gewinnen, ist nichts gewonnen. Wir wären weiterhin von den fossilen Energievorkommen abhängig. Und wir könnten logischerweise gleich beim Benzin bleiben, denn so wird Methanol nur hin und her gewandelt, das schließlich auch Energie kostet.

Der Hauptgrund des Einsatzes von Wasserstoff sollte der sein,
daß wir endlich von den fossilen Rohstoffen wegkommen.

necar 4 In einer Pressemeldung vom Frühjahr 2000 wird Folgendes berichtet: Der DaimlerChrysler Konzern stellte eine Neu- bzw. Weiterentwicklung seines wasserstoffangetriebenen Pkws im A-Klasse-Modell, dem sogenannten necar 4, vor. Dieses Auto besitzt eine PEM- (Proton Exchange Membrane) Brennstoffzelle, das seine Energie auf einen 55kW (75PS) Elektromotor überträgt. Der Wasserstoff wird in diesem Fahrzeug flüssig, also bei -250 ^{0}C und unter 8 Bar Druck in einem vakuumisolierten Tank mitgeführt der im Heck sitzt. Der Verbrauch wird mit fünf Litern Flüssigwasserstoff für eine Strecke von 450km angegeben. Mit diesen Angaben läßt sich wieder trefflich rechnen und mit dem Benzinbetrieb vergleichen.

1 kg Flüssigwasserstoff (LH_2) nimmt ein Volumen von ca. 14 Litern ein.
(1 kg LH_2 : 0,0708 kg/dm^3 = 14,124 dm^3 LH_2 (Liter))
5 kg nehmen somit ein Volumen von 14,124 dm^3 * 5 = 70,62 dm^3 (Liter) ein.
Das ergibt einen Verbrauch von 70,62dm^3 : 4,5 = 15,7dm^3 Flüssigwasserstoff pro 100 km. Der entsprechende Preis für 100 km sieht dann wie folgt aus : (Preise auf Seite 117)
15,7 dm^3/100km * 1,85 DM/dm^3 = <u>29.- DM/100km</u>
nimmt man aber statt des Durchschnittspreises von

necar 4   > new energy
> ZEV fuel cell electric car

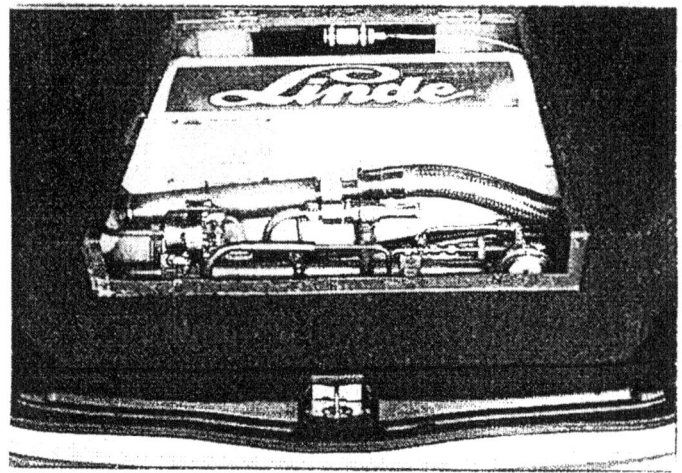

Im Kofferraum sitzt der vakuumisolierte Tank.
Er hält den flüssigen Wasserstoff auf rund minus 250 ^{0}C
und unter 8 bar Druck.
5 kg LH_2 reichen für 450 km.

1,85 DM/dm³ den günstigen Preis von 1,50 DM/dm³, so sieht die Sache wie folgt aus.

15,7 dm³/100km * 1,50 DM/dm³ = 23,55 DM/100km, mit diesem Preis kommt man schon dicht an den Benzinbetrieb von 24.- DM/100km heran.

Allerdings muß man noch berücksichtigen, daß die Benzinmotoren die letzten 25 Jahre weiterentwickelt und verbessert und somit auch verbrauchsgünstiger wurden. Der Verbrauch eines Mittelklassemotors liegt heute bei ca. 8,5 l/100km.

8,5 l/100km * 2.- DM/l = 17.- DM/100km, dadurch gewinnt der Benzinmotor wieder Preisvorteile.

Würde man aber an Stelle des teuren Flüssigwasserstoffs den günstigeren gasförmigen Wasserstoff gepreßt mitführen, (nur eine rein theoretische Betrachtung wegen des Preisvergleiches), so würde die Preisbilanz gleich wieder anders aussehen.

5 kg LH_2 benötigt der Necar 4 für 450 km, folglich benötigt das Fahrzeug 1,111kg LH_2 für 100 km.

Dieser Flüssigwasserstoff umgerechnet in gasförmigen Zustand ergibt folgende Menge :

1,111 kg/100km : 0,08987 kg/m³ = 12,362 m³/100km

Mit dem Durchschnittspreis von 1,70 DM/m³ multipliziert ergibt   12,362 m³ * 1,70 DM/m³ = 21.- DM/100km,

nimmt man dagegen den günstigen Preis von 1,40 DM/m³ sieht die Sache schon viel besser aus

12,362 m³ * 1,40 DM/m³ = 17,30 DM/100km

Aus diesen Preisvergleichen, insbesondere das zuletzt aufgezeigte Beispiel zeigt, daß man heute schon gut an die benzinbetriebenen Motoren herankommen könnte. Und das alles mit einer Technik, die erst am Anfang ihrer Möglichkeiten steht. Kommen erst einmal die Wasserstofferzeugung und die Massenfertigung der Brennstoffzellen richtig in Schwung, müßte sich die Preissituation zugunsten der Wasserstofftechnik noch viel günstiger auswirken.

Wie weiter vorne schon beim Hubkolbenmotor angemerkt, sollte man nach der Wasserstoffverbrennung das "Abgas" Wasserdampf kondensieren und dem Verbrennungsprozeß wieder zuführen. Dies sollte ganz besonders für die Brennstoffzelle gelten, denn jetzt ist man schon so dicht an der Möglichkeit dran den Kreislauf zu schließen. Warum an dieser Chance nicht gearbeitet wird bleibt mir schleierhaft?

An dieser Stelle darf ich an meine Berechnung von Seite 107 erinnern, welche die Aussage betrifft, wieviel Liter Wasserstoff aus einem Liter Wasser zu gewinnen sind.
(1.243,38 Liter H_2)

Wenn man diese Betrachtung auf den Necar 4 mit seinen PEM-Brennstoffzellen bedenkt, so kann man auf folgenden tollen Einfall und Überlegungen kommen.
(Rein theoretisch natürlich).
Wie auf Seite 147 bereits festgestellt, entsprechen die verbrauchten 1,111 kg/100km Flüssigwasserstoff =
$12,362 \text{ m}^3$/100km Wasserstoffgas
Wenn es nun möglich wäre, 45 Liter Wasser an Bord aufzuspalten, so wäre die daraus gewonnene Wasserstoffmenge u. Leistung gleichbedeutend mit den 5kg (70,62 Litern) Flüssigwasserstoff. Denn 45 Liter Wasser multipliziert mit 1,24338 m^3 Wasserstoff ergeben 55,952m^3 Wasserstoffgas und die wiederum durch den Hundertkilometerverbrauch von 12,362 m^3/100km dividiert ergeben <u>452 km</u>.
Somit sind, rein theoretisch betrachtet, 45 Liter Wasser 5kg (70,62 Liter) Flüssigwasserstoff ebenbürtig. Sollten solche grandiosen Aussichten kein Ansporn zur Schließung eines Wasser- Wasserstoffkreislaufes sein ?

Wenn man die alten Zeitungsausschnitte im Anhang durchliest, wird immer wieder davon berichtet, daß es gelungen sei, auf direktem Weg aus Wasser Wasserstoff zu gewinnen. Die Vorschläge sind zum Teil schon 25 Jahre und älter. Soviel Zeit wurde schon verloren. Wo sind diese Lösungen als praktische Anwendungen geblieben ? In welchen Schubladen sind diese Ideen verschwunden - und warum ?

Erfolgspreis aussetzen. Damit endlich aus diesen Einbahnstraßen (nur Wasserspaltung oder nur Wasserstoffverbrennung) ein Kreislauf wird, würde ich vorschlagen, einen interessanten Preis auszusetzen. Sagen wir 20Millionen DM (oder äquivalent 10 Mill. Euro oder 10Mill. US $) für die effektive Herstellung eines Kreislaufprozesses. Den Preis könnte ein großer Weltkonzern oder eine Regierung ins Leben rufen. Dem Preiszahler würde dann dafür der Vorzug der Nutzungsrechte eingeräumt werden. Solch ein verlockender Preis würde alle Geister weltweit zu Ideen anregen. Dieser Vorschlag ist nicht ganz neu, war aber schon einmal erfolgreich.

In den Anfängen der Seefahrt, als es über das offene Meer ging, war die Bestimmung des Längengrades immer sehr

schwierig und meistens ungenau dazu. Zur exakten Bestimmung des Längengrades ist eine präzise gehende Uhr äußerst wichtig. Die Sanduhren, die damals üblicherweise in Gebrauch waren, konnten diese Forderung nicht erfüllen.
(Für die Bestimmung des Breitengrades benutzte man schon lange den Stand der Sonne und die der Sterne).

Deshalb setzte die englische Regierung 1714 einen Preis von 20.000 Pfund Sterling aus, für einen genau gehenden Chronometer, der bei einer 6wöchigen Seereise zu den westindischen Inseln, eine Abweichung von höchstens einen halbem Grad (30′) zuläßt. (30 Winkelminuten !)
Im Jahre 1762 hatte es der englische Uhrmacher John Harrison (1693 - 1776) mit seinem 4. mech. Marinechronometer geschafft. Bei einer Reise nach Jamaika betrug die Abweichung nur ein eineviertel Minute (1 1/4 ′). Aber es dauerte noch bis zum Jahre 1773, bis der Preis zur vollen Höhe ausgezahlt wurde. Somit vergingen fast 50 Jahre, bis dieser Preis zum Erfolg führte und knapp 60 Jahre bis er eingelöst wurde.
Auf den Fall des Wasserstoffkreislaufes übertragen, kann man nur hoffen, daß es nicht wieder 50-60 Jahre dauert, bis eine so erfolgreiche Lösung eingereicht wird.

Magnetschwebebahn -Transrapid - in Lathen (Emsland)

Transrapid Womit wir gleich zum nächsten Problem kommen. Bei uns wird in letzter Zeit der technische Fortschritt zu oft verschlafen oder sogar abgewürgt. Eines der schlimmsten Beispiele dafür ist die Entwicklung und vor allem die versuchte Markteinführung des Transrapids in Deutschland.

Bei meinem Besuch im Versuchszentrum der Magnet-Schnellbahn in Lathen (Emsland) am 28.5.99 wurde mir und den anwesenden Gästen von dem Werksreferenten auf entsprechende Anfrage hin versichert, daß die Transrapidstrecke zwischen Hamburg und Berlin gebaut wird. Bis zum Jahre 2003 - 2004 sollten sogar schon Passagiere befördert werden. So optimistisch lautete die Aussage von damals. Entweder man wollte das drohende Aus, verursacht durch die rot-grüne Bundesregierung, nicht-ernst nehmen oder einfach nicht wahrhaben. Damit kommen wir gleich zum nächsten Punkt. Nämlich der z.Z. bei uns leider so "gepflegten" Technikfeindlichkeit.

14 Jahre Vorsprung hatten die deutschen Firmen einmal mit dieser Technik gehabt, jetzt sind es nicht einmal mehr 14 Monate, sondern nur noch ein knappes Jahr und auch dieser Vorsprung wird bald unnötigerweise an die asiatische Konkurrenz verspielt sein, bei dem ewigen Hin und Her das bei uns aufgeführt wird,

ob die Strecke nun gebaut werden soll oder nicht. Auch dieser Technik wird es so ergehen wie es schon vielen andern bei uns im Lande ergangen ist, wie z.b. der Foto- Uhren- und Werftindustrie. Sie wird verloren gehen. Aber wir sind nun mal eine Industrie- und keine Agrarnation.

Wir können nicht mehr zurück und in Höhlen hausen, selbst wenn wir das wollten. Oder sollte es besser heißen, wie es uns die grünen, linken Phantasten einreden wollen. Von solchen Leuten an der Macht und in der Regierung ist wohl kaum ein technischer Fortschritt zu erwarten. Aber kaum zu Amt und Würden gekommen, lassen sich auch grüne Minister im feinen Zwirn ablichten und gerne mit dicken Staatskarossen herumchauffieren. Von der früher oft geforderten Trennung von Amt und Mandat sowie Abschaffung der Ämterhäufung, will von denen jetzt auch keiner mehr etwas wissen. Denn bescheiden sollen stets nur die andern leben.

Die Grünen waren als Protestbewegung zu jener Zeit ganz in Ordnung, daß sie die alten Parteien, vor allem was den Umweltschutz betraf, etwas auf Trab brachten. Aber als Partei, vor allem als Regierungsmitpartei sind sie schlichtweg eine Katastrophe für unser Land. Rezzo Schlauch (Fraktionsvorsitzender der Grünen im Deutschen Bundestag) betont zwar gerne, die Grünen seien nicht der Untergang des Abendlandes, da mag er wohl recht haben, aber für den Untergang Deutschlands reicht es allemal, was die Standorte für Technik und Industrie betreffen. Überall, egal ob es um Industrieanlagen, Straßen, Brücken oder Flugplätze geht, die Grünen sind dagegen. Den Transrapid z.B. hat Rezzo Schlauch von Anfang an als vehementer Gegner totgeredet. Als Hauptargument wurde die Strecke zwischen Hamburg und Berlin als zu teuer abgestempelt. (Frei nach Oscar Wilde: Es gibt Menschen die wissen von allen Dingen den Preis, doch von keinem den Wert !) Man kann nicht erwarten, daß die Einführung einer völlig neuen Technik gleich Riesengewinne abwirft. Aber eine Referenzstrecke als Verkaufsargument ist unabdingbar und nicht nur eine Teststrecke, so wie sie im Emsland zur Verfügung steht. Denn jeder potentielle Kunde fragt sich doch, wenn der Transrapid wirklich so gut ist, wie behauptet wird (er ist gut, ich bin dieses Jahr 21./22. Juni 2000 mitgefahren !), warum bauen sie keine Musterlinie in ihrem eigenem Land?

Der Airbus hat in der Entwicklungsphase und am Anfang auch viel Geld verschlungen, heute ist er der größte und vor allem der einzige Konkurrent - weltweit - der Boeing-Werke!

Geld wird damit auch verdient, und zigtausend Arbeitsplätze hängen daran. Beim Transrapid geht es am Anfang um viele Auftrags- und Investitionsmilliarden und um noch mehr Auftragsarbeit, die es zu bewältigen gilt, außerdem auch noch um die Festigung einer Weltspitzentechnologie, die in Deutschland gehalten werden sollte, damit sie nicht an die Weltkonkurrenz verlorengeht, was mit unseren ängstlichen, zögerlichen "Spitzenmanagern" und Politikern leider zu befürchten ist. Die einen haben nur die kurzfristigen Gewinne und steigenden Aktien im Auge, die anderen schielen nur auf die nächsten Wahlen, so kann man die Zukunft eines Landes nicht gestalten !

Aber soweit können die grünen Weltverbesserer nicht denken. Technikfeindliche und zukunftpesimistische Einstellung gehört bei den Grünen zur Weltanschauung. Jetzt soll der Transrapid, der ebenfalls tausende von Arbeitsplätzen bringen würde, in Holland oder sogar in China gebaut werden - womöglich noch mit finanzieller Hilfe von uns. So kommt der Morgenthauplan, der 1947 verworfen und durch den Marshallplan ersetzt wurde, durch die Hintertür über die Grünen doch noch zum Zuge,

Deutschland wird als Industriestaat abgeschafft.

Nächstes Trauerspiel ist, daß Deutschland als Bildungs- und Kulturland - bei fast 4 Mill. Arbeitslose - nicht in der Lage sein soll, 10 bis 20tausend Computerspezialisten aufzutreiben oder auszubilden, die zur Zeit dringend gesucht werden. Apropos Ausbildung, mit der ist es auch nicht mehr so weit her. Viele Firmen wollen heute nicht mehr ausbilden, aber gut ausgebildete Leute - so wie gerade händeringend wieder gesucht werden - will jeder haben! Nur, wo sollen die herkommen? Wenn nur noch wenige Firmen und Institutionen in Bildung und Ausbildung investieren wollen ?

Zukunftinvestitionen Leider haben wir in Wirtschaft und Politik keine weitsichtigen Leute mehr mit Visionen -
und solche die, sich weitreichende Zukunftspläne zutrauen.

Alaska z.B. würde heute noch zu Rußland gehören, wenn damals nicht ein paar mutige und risikobereite Leute in den USA gewesen wären, die dem Zaren 1867 das Land mit seinen 1,531 Mill. km^2 für lächerliche 7,2 Mill. US $ abgekauft hätten. Das sind gerade mal 4,7 $/km^2$, wohlgemerkt für den Quadratkilometer und nicht für den Quadratmeter ! Umgerechnet auf den m^2 entspricht das nämlich den winzigen Betrag von sage und schreibe knapp 0,0005 Cent, wirklich Cent und nicht Dollar.

In der damaligen Zeit waren 7,2 Mill. US $ sicher viel Geld, aber diese Investition hat sich in der Zwischenzeit schon viele, viele Male bezahlt gemacht (hundert Mal reicht bestimmt nicht).

Aber heute ist es doch so, daß die meisten Leute nur noch Geld mit Geld verdienen wollen. Nur noch wenige wollen etwas investieren und vor allem produzieren. Dabei sind Geldscheine nur bedrucktes Papier und Münzen geprägte Metallstücke. Aber Geld allein kann weder denken noch kreative Ideen entwickeln, und wenn noch so viele, große, bekannte und berühmte Köpfe darauf abgebildet sind !

Als ein weiteres erfolgreiches Beispiel einer Zukunftsinvestition wäre dazu noch der Panamakanal anzuführen, wenn auch am Anfang mehr die militärisch-strategischen Überlegungen im Vordergrund standen als die wirtschaftlichen - aber eine gute Geldanlage war er allemal.
Nachdem eine französische Gesellschaft unter Leitung von Ferdinand de Lesseps (der zuvor schon den Suezkanal gebaut hatte) an dieser Aufgabe bankrott gegangen war, sprangen die USA ein und vollendeten das Vorhaben. Der Kanalbau kostete 639 Mill. US $ bei einer Bauzeit von 20 Jahren, zeitweise arbeiteten bis zu 50.000 Menschen aus

97 Nationen daran, doch er forderte auch 25.000 Menschenleben, hauptsächlich durch Tropenkrankheiten.

Vom Tag der Eröffnung am 15.8.1914 bis zu seiner Übergabe an den Staat Panama am 31.12.1999, in dem er im Besitz der USA war, hat er sich vielfach bezahlt gemacht.

Das kann sich jeder selbst ausrechnen mit folgenden Angaben.
Heutzutage passieren bis zu 50 Schiffe täglich und bis zu 15.000 Schiffe pro Jahr diese Wasserstraße. Zum Beispiel:

Für die Maasdam, ein Kreuzfahrtschiff mit 55.541 BRT, sind für eine einfache achtstündige Durchfahrt 140.000 US Dollar zu entrichten. (Stand 1999/2000)

Zwischenbemerkung vom Aug. 2000

Seltsamerweise war die Bundespolitik bei der Einführung des Euros nicht so zögerlich und ziemperlich. Hier entschied sie sich forsch gegen die große Mehrheit der Bevölkerung, die der Einführung des Euros und somit den Verlust der DM eher skeptisch bis ablehnen gegenüber stand. Ob sich diese Entscheidung noch als visionär und richtig herausstellt, muß sich noch erweisen Bis heute eher nicht, denn der Euro hat gegenüber dem US-Dollar innerhalb von 2 Jahren über 20% an Wert verloren.

Dies habe ich in einem kritischen Leserbrief schon im Mai 1998 an die Eßlinger Zeitung mit folgendem Beitrag angemerkt:
Experten, Waigel, Kohl & Co sehen einen stabilen Euro kommen. Hier werden wir wohl ein weiteres mal "verkohlt". Daß dies nicht möglich sein kann, dazu bedarf es keines Finanz- oder Wirtschaftsstudiums, man braucht nur den logischen Verstand einschalten.
Denn wenn man eine stabile Währung mit weicheren mischt so kann keine gleiche, oder sogar eine noch härtere Währung daraus entstehen. Es wäre das Gleiche, als wenn man Wein mit Wasser mischt, so kann daraus niemals

Dessertwein, sondern immer nur Schorle entstehen. Die große Politik hat in letzter Zeit so viel versprochen. Von der Deutschen Einheit die fast nichts kostet (außer ein paar Billionen DM), über blühende Landschaften im Osten, bis zur Halbierung der Arbeitslosenzahlen zum Jahre 2000. Bei einer nie gekannten Staatsverschuldung und laufendem Abau sozialer Errungenschaften. Leider haben wir für Entscheidungen solcher Tragweite kein Plebiszitrecht. Was für die Regierung, besonders in diesem Falle gut sein mag braucht für den kleinen Mann der nicht gefragt wurde, noch lange nicht gut sein. Der darf die Zeche dann, wie immer in solchen Fällen die die Großen angerichtet haben, bezahlen. Die selben Abgeordneten die für die Einführung des Euros gestimmt haben, sitzen dann höchst wahrscheinlich auch wieder im nächsten Bundestag. Und da können sie sich flugs mal die Diäten einfach erhöhen, wenn es für Ihren gewohnten Lebensstandard nicht mehr reicht.

(Plebejer, Mz. **Plebs** - lat. - das einfache Volk von Rom)
(**Plebiszit** - lat. - unmittelbare Mitwirkung des gesamten Staatsvolks an der politischen Willensbildung. Formen :
\> Volksbegehren
\> Volksabstimmung
\> Volksentscheid   )

Ölverbrauch der Welthandelsflotte Trotz der mehreren vorangegangenen skeptischen Betrachtungen will ich mein Buch mit folgender optimistischer Aussicht zum Abschluß bringen. Sollte es eines Tages, entgegen allen Erwartungen und heutigem Kenntnisstand, doch tatsächlich gelingen, Wasser eines Tages rationell und effektiv aufzuspalten, wäre dieser Vorteil allein schon für die Schiffahrt gigantisch. Man stelle sich nur Mal vor :
Die Schiffe würden in ihrem eigenen Treibstoff schwimmen! Kein Schweröl für die Schiffsmotoren wäre mehr vonnöten! Tausende von Tonnen Rauch und Ruß entfielen! Falls bei den Schiffen dann auch noch die Brennstoffzellentechnik eingesetzt würde, entfielen noch die austretenden Schmierstoffe an den Antriebswellen. Ein weiterer Beitrag zur Abwendung der Verschmutzung der Meere. Denn der gewonnene Strom aus den Brennstoffzellen könnte direkt auf die Elektromotoren eines Azipod-Antriebes geleitet werden. Azipod (azimuthing podded propulsion - horizontal drehbarer gekapselter Antrieb). Das ist eine unter dem Heck um 360^0 drehbare stromlinienförmige hängende Gondel mit integriertem Elektromotor und Schiffsschraube. Das Beste und Modernste das es z. Z. auf dem Markt für Schiffsantriebe gibt. (Man kann sich diesen Antieb ähnlich eines Außenbordmotors wie bei Booten vorstellen).

Beim Wasserstoffbetrieb aller Seeschiffe sähe die gewonnene bzw. nicht gebrauchte Ölmenge wie folgt aus :
(Natürlich wiederum nur eine theoretisch hypothetische Berechnung. Für den Ölverbrauch der Welthandelsflotte gibt es keine Statistik! Durch meine Seereisen habe ich mir aus den Angaben, die von den Schiffsleitungen zu erfahren waren, folgender Durchschnittsverbrauch von 0,00125 Tonne pro BRT und Tag errechnet).

Welthandelsflotte = 38.917 Schiffe (über 300 BRZ)
Gesamttonnage = 506.544.000 BRZ (Stand 1.1.2000)

Theoretische Durchschnittsgröße pro Schiff = 13.000 BRZ
Theoretischer Durchschnittsverbrauch pro Schiff und Tag
13.000 BRZ * 0,00125 t/BRZ Tag = 16,25 t/Tag
Verbrauch aller 38.917 Schiffe * 16,25 t/Tag Schiff =
<u>632.400 Tonnen Öl pro Tag !</u>
Da aber nicht alle Schiffe gleichzeitig auf Fahrt sind, sondern z.B. im Hafen liegen und ihre Fracht löschen oder sich zum Überholen im Dock befinden, so nehme ich als Durchschnittswert an, daß nur die Hälfte der Schiffe unterwegs ist, somit reduziert sich der oben errechnete Wert auf ca. die Hälfte, das wären aber immer noch runde

<u>315.000 Tonnen Öl pro Tag !</u>

Es wäre noch interessant, zu wissen, wieviel Barrel bzw. Faß Öl und welcher Betrag dieser enorme Verbrauch von rund einer drittel Million t/Tag ausmacht. (Weltrohölförderung im Juli 2000 = 25,4 Millionen Barrel/Tag)
Ein Barrel (Faß) Rohöl entspricht 159 Liter und der kostet z.Z. 33,48 $, $ = 2,10 DM (Stand 18.8.2000)
(Für eine einfache Überschlagsrechnung, rechne ich für 1 kg Öl gleich 1 Liter Öl). 315.000 t Öl =
315.000.000 Liter Öl : 159 l/Faß = <u>1.981.132 Faß/Tag</u>
1.981.132 Barrel * 33,48 $/Barrel = <u>66.328.302 $/Tag</u>
in DM umgerechnet entspricht das ganz rund

<u>140 Millionen DM pro Tag !</u>

<u>Diese gewaltige Menge an Öl mit diesem gigantischen Betrag verbraucht allein die Seeschiffahrt Tag für Tag !</u>

Deshalb wäre die Wasserstofftechnik mit Brennstoffzellen für Schiffe doch besonders interessant. Da eine neue Technik am Anfang meist viel Platz beansprucht und zusätzlich schwer ist, wäre dies für Schiffe kein Thema.
Das Beste aber wäre doch, <u>daß der Treibstoff gleich außerhalb der Bordwand sozusagen in unerschöplichen Mengen vorhanden ist.</u>

7. Quellennachweis Bücher :

Bockris Ph.D., John O'M. ; Justi, Dr.phl. Eduard W.
<u>Wasserstoff die Energie für alle Zeiten</u>
Udo Pfriemer Verlag

Ditfurth, Hoimar v.
<u>Im Anfang war der Wasserstoff</u>
Hoffmann und Campe Verlag

Doppelstein, Hermann
<u>Im Anfang war der Geist - und nicht der Wasserstoff</u>
Spee-Verlag Trier

Haber, Heinz
<u>Stirbt unser blauer Planet ?</u>
Deutsche Verlags-Anstalt Stuttgart
und
<u>Brüder im All</u>
ro ro ro Sachbuch 6720

Hoffmann, Volker U.
<u>Wasserstoff - Energie mit Zukunft</u>
B. G. Teuber Verlagsgesellschaft

Keller, Werner
Was gestern noch als Wunder galt
Droemer Knaur Verlag

Leopold, Luna B. ; Davis, Kenneth S.
Wasser
ro ro ro Das farbige LIFE Bildsachbuch Nr.14

Meadows, Dennis
Die Grenzen des Wachstums
ro ro ro Sachbuch 6825

Willson, Mitchell
Energie
ro ro ro Das farbige LIFE Bildsachbuch Nr.2

BMFT
Herausgegeben vom Bundesministerium für Forschung und Technolgie - Referat für Presse- und Öffentlichkeitsarbeit -
Neuen Kraftstoffen auf der Spur
TÜV Verlag Rheinland GmbH

Quellennachweis,

Zeitungen, Zeitschriften und Illustrierte: an Bord

Bild der Wissenschaft   Bunte Illustrierte

Eßlinger Zeitung   Der Spiegel

Antwortschreiben von Firmen, Universitäten und Institute:

ADAC, München

Adam Opel AG, Rüsselsheim

Agip AG, München

Aral AG, Bochum

Audi NSU - Auto Union AG, Ingolstadt

BP AG, Hamburg

Daimler-Benz AG, Untertürkheim

Deutsche Lufthansa AG, Köln

Esso AG, Hamburg

Euratom Versuchszentrum, Ispra, Italien

ISL - Institut für Seefahrt und Logistik, Bremen

Linde AG, Wiesbaden und Höllriegelskreuth

Max-Planck-Gesellschaft, München

Messer Griesheim GmbH, Ludwigsburg und Düsseldorf

Technische Hochschule, Aachen

VDI, Düsseldorf

Volkswagenwerk AG, Wolfsburg

Quellen Lexika : Bertelsmann, Brockhaus, Corvus, Knaur, Maier, The New Encyclopaedia Britannica

Anomalie des Wassers - Wasser hat gegenüber den meisten anderen Stoffen ein abweichendes Verhalten. Infolge der Anomalie zieht sich Wasser bei Abkühlung bis plus 4 ^{0}C zusammen, dehnt sich aber bei weiterer Abkühlung wieder auseinander.

Dichte des Wassers bei 4 ^{0}C = 1 kg/dm^3

Dichte des Eises bei 0 ^{0}C = 0,9168 kg/dm^3

Beim gefrieren des Wassers zu Eis kommt es zu einer Volumenvergrößerung von ca. 10%. Deshalb schwimmt Eis auf dem Wasser.

Atom (griech.) - v. Demokrit u. Leukipp angenommene kleinster unteilbarer Materiebaustein. Seit Dalton u. Avogadro Bez. für d. kl. Einheitsmenge der chem. Elemente.

Augur (lat. "Vogelschauer") - altrömischer Priester und Wahrsager.

Autarkie - wirtschaftliche Unabhängigkeit

Benzin - ein Gemisch leichtsiedender Kohlenwasserstoffe, klare, leichtbewegl. Flüssigkeit; feuergefährlich. Treibstoff für Verbrennungs- (Otto-)Motoren, Lösungsmittel für Fette u. Öle (chem. Ind., chem. Reinigung u.a.). Benzin wird aus Erdöl durch fraktionierte Destillation u. im Krackverfahren gewonnen, in geringen Mengen auch aus Kohle (Kohleverflüssigung).

BRT = Bruttoregistertonne

BRZ = Bruttoraumzahl

GT = Gross Tonnage

Sind Größenangaben die für Passagier-, Massengutschiffe und Tanker verwendet werden und fast identisch miteinander sind.

Registertonne hat nichts mit Gewichtstonne zu tun, sondern ist ein altes englisches Raummaß. Aller umbauter Raum wird bei Schiffen in Bruttregistertonnen, oder neuerdings mit der Bruttoraumzahl angegeben. Wobei 100 Kubikfuß eine Registertonne ergibt und das entspricht 2,832 Kubikmeter.

Öfters kann man auch den Begriff der Verdrängung für die Größenangabe von Schiffen lesen. Diese Bezeichnung wird normalerweise aber nur für Kriegsschiffe verwendet und in t oder ts für Tonnen oder tons angegeben. Wobei die hier angegebenen verdrängten Tonnen wirklich dem Schiffsgewicht entsprechen.

NRT = Nettoregistertonne, findet bei Frachtschiffen Anwendung, ist die Größenangabe für die Frachträume.

dwt = dead weight tons = 1.016 kg, Gewichtsangabe für Ladung, Brennstoff, Proviant und Personen.

Bruno, Giordano (eigenlich Filippo Bruno, 1548 bis 1600) ital. Philosoph, seit 1563 Dominikaner in Neapel, lehrte an verschiedenen Univ. in Frankr., Engl., und Deutschland. Noch an das Mittelalter gebunden, trug Bruno doch im Rahmen des Neuplatonismus der Renaissance ein von dichter. Anschauungskraft belebtes einheitliches Weltbild vor, das im Widerspruch zur herrschenden Lehre der kath. Kirche stand. (Die Unendlichkeit des Universums wegen der Unendlichkeit Gottes als dessen Schöpfer). Bruno vertrat das heliozentr. System des Nikolaus Kopernikus und nahm an, daß die (unendlich vielen) Fixsterne ihrerseits Zentren von anderen Planetensystemen seien. Die Wirkungen seiner Gedanken waren weitreichend u.a. auf J.G. Herder, Goethe, F.H. Jacobi, F.W. Schelling - und G.W. Leibnitz übernahm von ihm den Begriff der Monade (Element des Weltaufbaus).

BSE - (Bovine spongiforme Enzephalopathie) Rinderseuche, Rinderwahnsinn

Chlor - ist bei Normaltemperatur ein gelbgrünes, stechend riechendes Gas, Chlor gehört nach Fluor zu den reaktionsfähigsten Elementen, es wirkt oxidierend, bleicht organische Farbstoffe und tötet Kleinlebewesen. Chlor hat eine starke Reizwirkung auf alle Schleimhäute und führt v.a. zu Schädigungen der Atemwege.

Chronometer - Präzisionsuhr mit sehr hoher Ganggenauigkeit, die international durch ISO-Norm festgelegt sind und amtliche Prüfbedingungen erfüllen. Ein genaues Chronometer stellte J. Harrison erstmals 1761 für die brit. Admiralität her.

Contergan (Thalidomid) - Mitte der 50er Jahre entwikkeltes Schlaf- und Beruhigungsmittel, das in der BRD unter dem Namen Contergan im Handel war. Thalidomid führte an menschlichen Embryonen zu schweren Fehlbildungen. Aber bei tuberkuloider Lepra zeigte Thalidomid günstigen Einfluß auf den Allgemeinzustand und auf den Krankheitsverlauf.

Deuterium - schwerer Wasserstoff, unterscheidet sich vom gewöhnlichem Wasserstoff durch doppelte Kernmasse.

Energiesatz - Bei einem physik. Vorgang kann Energie weder erzeugt noch vernichtet werden, sondern lediglich von einer Energieform in eine andere oder in mehrere andere Energieformen umgewandelt werden.

Fission - (1) Teilung einzelner Organismen
        (2) Atomkernspaltung

Fusion - Vereinigung, Verschmelzung - bei Kernverschmelzung; Vereinigung leichter Atomkerne zu schwereren, z.B. Wasserstoff zu Helium.

Helium - ist ein chemisches Element aus der Gruppe der Edelgase. Helium ist ein farb-, geruch- und geschmackloses extrem reaktionsträges Gas, es bleibt bei Normaldruck bis in die Nähe des absoluten Nullpunktes flüssig.

Hybrid - (lat.) von zweierlei Abkunft, zwitterartig; hybride Bildung: Wortbildung aus Bestandteilen, die aus zwei verschiedenen Sprachen stammen. In der Technik: Zusammenfassung zweier verschiedener Antriebsarten.

Hydrid - chem. Verbindung aus Wasserstoff und einem anderen Element.

hydrieren - Wasserstoff unter Mitwirkung von Katalysatoren (an eine chem. Verbindung) anlagern.

Isotope - Atomarten, deren Kerne gleiche Protonen-, aber verschiedene Neutronenzahlen haben, dadurch verschiedene Massen bei gleichen chem. Eigenschaften. Fast alle natürlich vorkommenden chem. Elemente sind Isotopengemische.

Katalysator - (griech.) ein Stoff, der durch seine Anwesenheit eine chem. Reaktion herbeiführt oder deren Verlauf er bestimmt oder beschleunigt.

Knallgas - explosives Gemenge von Wasserstoff mit Sauerstoff.

Konfuzius - (Meister Kung) altchinesischer Philosoph, Staats- und Sittenlehrer,   551 - 479 v. Chr.

Kryotechnik - Tieftemperaturtechnik, Anwendungsgebiet der Tieftemperaturphysik, das sich mit den Verfahren, Geräten und Anlagen zur Erzeugung, Messung und techn. Nutzung tiefer Temperaturen bis in die unmittelbare Nähe des absoluten Nullpunkts befaßt. Die Verflüssigung von Gasen in großtechn. Maßstab ist Voraussetzung für viele industrielle Prozesse.

Methanol - (Methylalkohol CH_3OH) Methanol, eine Wortschöpfung aus den Begriffen Methan und Alkohol, bezeichnet die chemisch einfachste Verbindung aus der Reihe der Alkohole. Es ist eine farblose, brennbare, giftige Flüssigkeit mit leicht stechendem Geruch für Industriezwecke u. Lösungsmittel. Methanol ist mit Wasser in jedem Verhältnis mischbar.

Mol - ist die Menge einer Verbindung in Gramm die zahlenmäßig gleich der relativen Molekülmasse ist. Ein Mol eines Stoffes enthält stets $6,024 * 10^{22}$ Atome oder Moleküle des betr. Stoffes. Bei Gasen nimmt ein Mol immer den Raum von 22,4 Litern bei 0^0C und 760 Torr ein.

Molekülmasse - eine Verhältnisgröße die angibt, wievielmal größer die Masse eines bestimmten Moleküls ist, als der 12. Teil der Masse eines Atoms des Kohlenstoffnuklids ^{12}C. (Nuklid, eine internationale Bz. einer radioaktiven Substanz - radioaktives Isotop -) Die Molekülmasse kann massenspektrometrisch gemessen oder als Summe der relativen Atommassen der am Aufbau eines Moleküls beteiligten Atome berechnet werden.

Mutation - (lat.) plötzlich auftretende Änderungen bislang konstant gewesener erbl. Eigenschaften. Mutationen in der Natur gelten als Grundlage für die stammesgeschichtl. Entstehung neuer Rassen und Arten.

Neuplatonismus - die unter dem Einfluß v. Hellenismus, Christentum u. Orient bes. durch Plotin pantheist.-myst. umgeformte Ideenlehre Platons, im 3.-6. Jh. n.Chr. führende philosoph. Richtung; wirkte bes. auf Augustinus Scholastik, christl. Mystik u. Humanismus. Nach Platon bildet sich die Wirklichkeit durch stufenweisen Abstieg v. Ausflüssen aus dem unerkennbaren höchsten Wesen, dem "ur-einen" Weltgeist, bis zum Umschlag in "böse" Materie. Der Menschengeist soll sich nach Läuterung v. der Beflekkung durch den sinnl.-materiellen Leib ganz dem Geistigen zuwenden u. so durch Vereinigung mit dem Ur-Einen die Seinseinheit wiederherstellen.

Ozon - (griech.) die unstabile Form des Sauerstoffs entsteht durch Einwirkung elektr. Hochspannungsentladungen und ultravioletten Lichts auf Luftsauerstoff, ist bei gewöhnlicher Temperatur gasförmig, besitzt einen typ. auch in geringer Konzentration wahrnehmbaren Geruch, reizt die Atmungsorgane stark und ist auch in kleinen Konzentrationen sehr giftig. Wird zur Desinfektion v. Trinkwasser eingesetzt.

Periodensystem der chem. Elemente (PSE) systematische tabellarische Anordnung aller chem. Elemente, die die Gesetzmäßigkeit des atomaren Aufbaus und der physik. und chem. Eigenschaften der Elemente widerspiegelt.

Platon - griech. Philosoph, 427-347 v. Chr.; Schüler des Sokrates, mit Aristoteles Begründer der abendländ. Philosophie. Nach Platon hat ein Weltbildner die Welt aus der ewigen Materie geformt, nicht geschaffen; das Reich der unveränderl. Ideen ist das eigentl. Sein, die wahrnehmbaren Dinge sind nur Abbilder davon; die Erhebung bis zur Idee des Guten (Gott) im reinen Denken ist Wiedererinnerung aus der vorleibl. Existenz der Seele.

Platonismus - Platons Lehre und ihre Fortwirkungen; bildete mehrere Richtungen aus, bes. den Neuplatonismus; wirkte in der frühchristl. Theologie u. in der Mystik; ist im Idealismus bis heute lebendig.

Plutonium - ist wegen seiner hohen Alphastrahlungsaktivität und sehr starken Neigung zur Ablagerung in Knochen und Leber einer der gefährlichsten unter den bekannten giftigen Stoffen. Schon die Einwirkung weniger Mikrogramm auf den Organismus (Einatmen oder Verschlucken) führt zu tödlichen Strahlungsschäden.

Ptolemäus, Claudius - ca. 87-165 n. Chr., Astronom in Alexandria, Begründer des geozentrischen Weltsystems.

Pyrrhussieg - mit allzu großen Opfern erkaufter Sieg. Nach dem verlustreichen Sieg des Königs Pyrrhus II. (319-272 v. Chr.). König von Epirus besiegte 279 die Römer bei Asculum in Apulien unter großen eigenen Verlusten.

Renaissance - (frz. "Wiedergeburt") Wiederaufleben früherer Kulturformen, bes. der Antike im 14. bis 16 Jh. in Europa.

Termodynamik - Die drei Hauptsätze der Thermodynamik (Kurzform)

Erster Hauptsatz : Wärme ist eine Form von Energie. Die Summe aus Wärme und Arbeit ist konstant.

Zweiter Hauptsatz : Es gibt keine Maschine, die dauernd Wärme restlos in Arbeit umwandeln kann.

Dritter Hauptsatz : Am absoluten Nullpunkt ist für alle Stoffe die Entropie gleich Null. (Entropie = in der Wärmelehre Maß für die Unordnung in einem abgeschlossenen System für Gase und Flüssigkeiten).

Der 1. Hauptsatz der Thermodynamik bezieht in das Prinzip von der Erhaltung der Energie (siehe Energiesatz) auch die Wärme als eine besondere Form der Energie ein, da mechan. Arbeit in Wärme (z.B. durch Reibung) und Wärme in Arbeit (z.B. in einer Wärmekraftmaschine) umgewandelt werden kann, und die umgewandelte Arbeits- und Wärmebeträge einander äquivalent sind.

Für die Änderung der inneren Energie eines Systems gilt nach dem 1.Hauptsatz $\Delta U = \Delta Q + \Delta W$, wobei zugeführte Wärmemengen ΔQ und Arbeitsbeträge ΔW positiv, abgeführte negativ gerechnet werden. Insbesondere ist die innere Energie eines abgeschlossenen Systems konstant. Anders formuliert besagt der 1. Hauptsatz, daß die Konstruktion einer Maschine, die aus dem Nichts Arbeit leistet (Perpetuum mobile) unmöglich ist.

Perpetuum mobile (lat. - das sich ständig Bewegende) Maschine die ohne Energiezufuhr laufend Arbeit verrichtet

Uran - radioaktives Element, Zeichen U, silberglänzendes Metall, häufigstes Vorkommen in der Pechblende, wichtigstes Isotop (Atomsorte) ist das spaltbare U 235, es war der erste Spaltstoff in einem Kernreaktor.

Wasserstoff - Hydrogenium, chem. Element, Zeichen H, farb-, geruch- u. geschmackloses, brennbares Gas, das leichteste aller Elemente, Bestandteil des Wassers, aller Säuren u. vieler organ. Verbindungen. Findet in der chem. Großindustrie für Fetthärtung, Amoniak- u. Benzinsynthese aller Hydrierungen Anwendung.

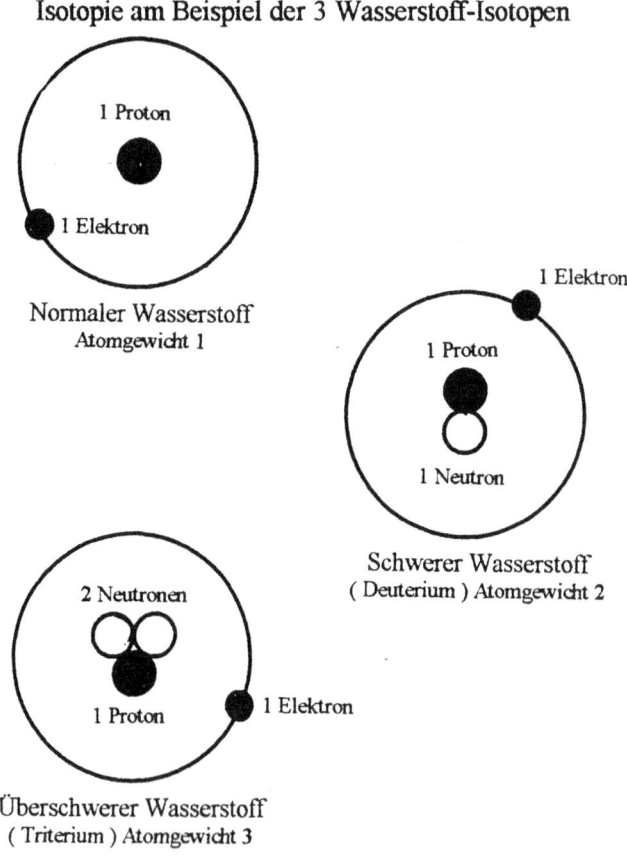

Isotopie am Beispiel der 3 Wasserstoff-Isotopen

Normaler Wasserstoff
Atomgewicht 1

Schwerer Wasserstoff
(Deuterium) Atomgewicht 2

Überschwerer Wasserstoff
(Triterium) Atomgewicht 3

8. Anhang - Nachdrucke von Presseberichte

Meldung in der Eßlinger Zeitung vom 17.Okt. 1974

<u>Aquamotor angeblich erfunden</u>

Geheimnisvolles Kästchen zwischen Vergaser und Ventile! Der Automechaniker Jean Chambrin aus Rouen hat eigenen Angaben zufolge ein Verfahren entwickelt, das nur geringfügig umgewandelte Autos mit einer Mischung aus Alkohol und Wasser anstatt mit Benzin fahren läßt.

In seiner Werkstatt führt der Erfinder Besuchern den Motor eines alten Dodge-Autos vor, läßt den Motor zunächst mit reinem Alkohol als Treibstoff an und führt ihm nach Erreichen der Betriebstemperatur angeblich ein Gemisch aus 60% Wasser und 40% Alkohol zu.

Mit einem Citroen-Wagen, der entsprechend ausgestattet war, will Chambrin mit dem Wasser/Alkohol-Treibstoff insgesamt 1.500km gefahren sein. Die Fahrleistung, sagte er, sei ungefähr die gleiche wie bei einem benzinbetriebenen Auto. Ende Oktober soll Chambrins "Aquamotor" erstmals öffentlich auf dem Rennkurs von Le Mans getestet werden.

Das vom Erfinder streng gehütete Betriebsgeheimnis des "Wassermotors" liegt angeblich in einem etwa 10 mal 20 cm großen Metallkästchen zwischen Vergaser und Zylinderventilen.

Chambrin will es fertig gebracht haben, in diesem kleinen Behälter Wasserstoff und Sauerstoff des Wassers zu trennen und den Wasserstoff dem Verbrennungsvorgang den Zylindern zuzuführen. Bei einer Serienproduktion, so Chambrin, werde das Zusatzgerät, das weitere Änderungen an dem Motor nicht erforderlich mache, umgerechnet etwa 600 DM kosten.

Eßlinger Zeitung, Donnerstag 7. November 1974

<u>Tankt man bald Methanol ?</u>
Technologen sind neuen Kraftstoffen auf der Spur
Benzin kann heute bereits durch Methanol, in Kürze vielleicht auch schon durch Wasserstoff als Motorantrieb ersetzt werden. Auf grünes Licht schaltet eine Studie "neuen Kraftstoffen auf der Spur" des Bundesministeriums für Forschung und Technologie die Fahrt in eine solche Zukunft.
Methanol und Wasserstoff sind demnach gemeinsam dafür geeignet, als Ersatzkraftstoffe für Benzin eingesetzt zu werden. Die wenigsten Schwierigkeiten würde kurzfristig die Umstellung auf Methanol erfordern. Die Studie kommt hier zu dem Urteil : "Sowohl die bestehenden Motoren als auch die in der Entwicklung befindlichen Konzepte lassen sich nach entsprechender Modefizierung

meistens ebenso gut - wenn nicht besser - mit Methanol betreiben."

Neben der Möglichkeit, Methanol mit Hilfe von Kernenergie aus heimischer Kohle zu erzeugen, fällt für diesen Treibstoff ins Gewicht : Die schädlichen Abgase können um 50% reduziert werden, der Bleizusatz entfällt. Nachteile : Der Tank muß für die gleiche Reichweite doppelt so groß sein und beim Kaltstart muß dem Motor durch Hilfseinrichtungen etwas "auf die Beine" geholfen werden.

Für die Einführung von Wasserstoff als Normaltankinhalt sieht die Studie etwas größere Schwierigkeiten, weil vom Hersteller bis zur Tankstelle erst ein neues Netz errichtet werden müßte. Aber kurzfristig, beispielsweise nur für den Betrieb im innerstädtischen Verkehr, gibt es auch keine unübersteigbaren Hindernisse

Das Problem liegt offensichtlich im Tank. Speichert man den Wasserstoff flüssig, dann braucht man beim jetzigen Stand der Technik einen vier- bis fünfmal größeren Tank im Auto, später wird das weniger werden.

Aber für die Wasserstoffspeicherung wird ohnehin eine ganz andere Lösung gesucht. Statt ein Hohlraumbehälter wird dieser Zukunftstank für Wasserstoff ein Metallblock sein, in dessen Molekülgittern sich die Wasserstoffmoleküle sozusagen verstecken.

Dieser Metalltank beansprucht für die gleiche Reichweite kein größeres Volumen, allerdings wird er immerhin noch drei bis viermal schwerer sein als der Benzintank.

Würde man bereits beim gegenwärtigen Stand der Technik auf einen solchen Tank umschalten, dann hätte dieser Hydridspeicher für gleiche Reichweite das dreifache Volumen eines Benzintanks und das zehn- bis zwanzigfache Gewicht.

Den Tanksorgen stehen aber für später beim reinen Wasserstoffbetrieb Vorteile größten Ausmaßes gegenüber : Wasserstoff verbrennt zu Wasser, die Abgase sind also praktisch unschädlich. Wasserstoff erhöht aber auch die Motorenleistung, senkt die Materialkosten, sorgt für lange Lebensdauer des Autos und steht praktisch unerschöpflich zur Verfügung.

Denn die Weltmeere bestehen aus Wasser.

Man muß nur Sauerstoff und Wasserstoff trennen.

Und wieder heißt - wie beim Methanol - der Schlüssel dazu :

                Kernenergie.

Hausmeldung der Daimler-Benz AG von 1975

Abdruck mit freundlicher Genehmigung der Daimler-Chrysler AG

Wasserstoff als Alternativkraftstoff

Nach dem gegenwärtigen Stand der Technik und im Interesse eines aktiven Umweltschutzes bietet sich als Zukunftslösung insbesondere Wasserstoff als Alternativkraftstoff an. Wasserstoff ist, die nötige Primärenergie (z.B. Kernenergie) zur Wasserstoffgewinnung vorausgesetzt, in praktisch unerschöpflichen Mengen im Wasser vorhanden. Heute übliche Verbrennungsmotoren können durch begrenzte konstruktive Änderungen von Benzin- auf Wasserstoffbetrieb umgestellt werden.
Allerdings kann der generelle Einsatz von Wasserstoff-Fahrzeugen für alle Zwecke wegen der fehlenden Infrastruktur wahrscheinlich erst zu Ende dieses Jahrhunderts ernstlich in Betracht gezogen werden. Auch ist das Schlüsselproblem, nämlich die Speicherung des Wasserstoffs im Kraftfahrzeug, im Moment noch nicht befriedigend gelöst. Von den drei möglichen Speicherformen des Wasserstoffs

--- gasförmig in Hochdruckgasflaschen
--- flüssig in Kryogentanks
--- gebunden in Metallhydriden

scheint die Bindung des Wasserstoffs in Metallhydriden beim gegenwärtigen Stand der Technik eine besonders aussichtsreiche Methode zur Wasserstoffspeicherung in Kraftfahrzeugen zu sein. Wegen der z.Z. noch relativ niedrigen Speicherdichten technisch anwendbarer Hydride könnte eine kurzfristige Umstellung auf Wasserstoff zunächst nur für den innerstädtischen Verkehr realisiert werden. Wird, was durchaus möglich erscheint, die Speicherkapazität der Metallhydride innerhalb der nächsten zehn Jahre um den Faktor 2 - 3 verbessert, so könnten Wasserstoffmotoren mittelfristig in begrenztem Umfang eingesetzt werden.

Langfristig gesehen kann der in unerschöpflichen Mengen im Wasser gebundene Wasserstoff erst dann allgemein zum Einsatz kommen, wenn die Hydridspeicherdichten die theoretisch realisierbaren Werte wenigstens annähernd erreicht haben und die Erzeugung von Wasserstoff mit Kernenergie entsprechend ausgebaut wurde. Eine generelle Umstellung auf Wasserstoff dürfte jedoch dann zwingend werden, wenn die fossilen Energieträger zur Neige gehen und ihre Preis entsprechend ansteigt.

Einer der Schwerpunkte der Mercedes-Benz-Forschung ist die Suche nach einer Lösung der metallurgischen, chemischen und thermodynamischen Probleme der Hydridspeicher. Weiterhin müssen die mit der Wasserstoffherstellung, -verteilung und -betankung zusammenhängenden Fragen geklärt werden, die zwangsläufig neben den Arbeiten an Speicher, Motor und Fahrzeug entstehen.

Zur Demonstration der Wasserstoffspeicherung in Metallhydriden führte die Daimler-Benz AG anläßlich des Genfer Automobilsalons 1975 den Betankungsvorgang eines Hydridspeichers im Experiment vor. Hervorzuheben ist hierbei die kurze Zeit von nur 5 Minuten, in welcher der Speicher mit Wasserstoff gefüllt wurde, so daß für wasserstoffgetriebene Fahrzeuge bereits heute Tankzeiten erwartet werden können, die einen Vergleich mit Benzinbetankung erlauben.

Dies ist im Gegensatz zu den langen Ladezeiten (1 - 8 Stunden) elektrischer Batterien - für die allerdings die Batterie-Wechseltechnik als Alternative bereits existiert - ein wichtiger Gesichtspunkt.

Meldung in der Bunten Ilustrierten von vor 1976

Das Neueste : Gute Fahrt mit Wasser
BUNTE-Korrespondent G. Dietrich berichtet aus Thailand

Wie man gewöhnliches Wasser in Treibstoff für Kraftwagen unwandelt, führte Thailands bekanntester Erfinder seinen verblüfften Landsleuten vor.
Prinz Theparith Devakul hat schon eine größere Anzahl nützlicher Erfindungen geliefert. Weltberühmt wurde beispielsweise die von ihm erdachte Methode, vom Flugzeug aus in feuchte Luft Chemikalien zu streuen und dadurch Regen zu erzeugen. Denn der künstliche Regen erhöht die Reisproduktion.
König Bhumibol stachelt den Erfindergeist seines genialen Vetters an und bat ihn, einen billigen Ersatz für das überteuerte Autobenzin zu finden. Innerhalb kurzer Zeit konnte der blaublütige Erfinder dem König stolz die Erfolgsmeldung überbringen.
Nach seinen Angaben wird gefiltertes Leitungswasser durch Zusatz geheimgehaltener Chemikalien in einen Treibstoff umgewandelt, der sich für alle herkömmlichen Benzinmotoren verwenden läßt. Es muß nur ein aus zwei Behältern bestehender Umwandler zwischen "Wassertank" und Vergaser eingebaut werden. Dieser Umbau kostet um-

gerechnet etwa 1.000,- DM.

"T. (Theparith) Eternal Fuel", wie der neue Treibstoff genannt wird, kann aus Landesproduktionen hergestellt werden. Ein Liter kostet umgerechnet etwa 30 Pfennig. Bei einer Massenproduktion dürfte sich der Preis um die Hälfte verringern. Reportern, die mit einem umgebauten Wagen Testfahrten unternahmen, stellten einmütig fest, daß die Leistungen des neuen Kraftstoffes der des Benzins ebenbürtig sind. Auf einer Strecke von zehn Kilometern verbrauchte der Wagen etwa einen Liter "T. Eternal Fuel".

Die unter der Kofferraumhaube im Vorderteil des Wagens untergebrachten zwei Behälter enthalten Chemikalien und Gas. Das im Benzintank enthaltene Wasser durchläuft beide Behälter im Kofferraum, wird im Vergaser in "verändertem Zustand" mit Luft gemischt und wie normaler Treibstoff in den Zündkammern des Motors entzündet.

Prinz Theparith beabsichtigt, die Erfindung demnächst in London patentieren zu lassen. Nun stecken König und Prinz ihre Köpfe zusammen, um einen Ersatz für Dieselöl zu finden.

Meldung in der Eßlinger Zeitung von vor 1976

Programm mit Brüter
Mehr Geld für neue und rationelle Techniken

Unter Federführung des Bundesforschungsministeriums entstanden die bisherigen Atomprogramme sowie das 1974 vorgelegte Rahmenprogramm nichtnuklearer Energieforschung, das fortgeführt werden soll. In dem Entwurf heißt es unter anderem, daß die Dringlichkeit des kommerziellen Einsatzes von Brutreaktoren von der Energieversorgungssituation des jeweiligen Staates und von der künftigen Entwicklung des Weltenergiemarktes abhängig ist. Für die Sicherung unserer Stromversorgung sei die Entwicklung des Schnellbrutreaktors jedoch von großer Bedeutung, weil mit seinem Einsatz der nutzbare Energieinhalt des Urans etwa um das 60fache gesteigert werden kann. Ein wirtschaftlicher Betrieb von Brutreaktoren wird allerdings nur dann als möglich angesehen, wenn eine Anlage zur Wiederaufbereitung existieret, damit sich verbrauchte (Uran) und erbrütete (Plutonium) Kernbrennstoffe für die spätere Nutzung in neuen Brennelementen zurückgewinnen lassen. Ebenso wie der schnelle Brüter wird auch der Hochtemperaturreaktor weiter gefördert. Beide Reaktortypen sollen erst dann zur Energieversorgung herangezogen werden, wenn ihre Sicherheits- und Umweltaspekte sogfältig untersucht worden sind. Vom Finanzvolumen her gesehen steht auch in den Jahren 1977 bis 1980 die Kernenergie mit einer Fördersumme von insgesamt 4,53 Milliarden Mark an erster Stelle. Der Priorität nach - und unter diesen Gesichtspunkt ist das Programm gegliedert - wird aber den Bereichen rationelle und sparsame Energieverwertung, neue Technologien für fossile Energieträger sowie neue Energiequellen (einschließlich Kernfusion) immer größere Bedeutung eingeräumt.

Das schlägt sich auch in den Aufwendungen nieder. Während 1973 die für nichtnukleare und nukleare Energieforschung eingesetzten Mittel im Verhältnis 1 : 45 standen, ist für 1977 vorgesehen, dem nichtnuklearen Energiesektor 324 Millionen Mark und damit ein Drittel der Geldmenge zukommen zu lassen, die dem Nuklarbereich - ohne Kernfusion - zur Verfügung gestellt wird (1029 Millionen Mark). Das Verhältnis soll sich in den kommenden Jahren noch weiter zugunsten des nichtnuklearen Bereich verschieben. GLO

Meldung in der Eßlinger Zeitung vom Fr. 17. Dez. 1976

Die nächste Energiekrise kommt bestimmt
In vielleicht schon einer Generation wird die Erde keinen Tropfen Erdöl mehr hergeben
Von unserem Korrespondenten Georg Spieker

Alle sind sich einig : Der Rohstoff Erdöl wird viel zu schnell verbraucht. Entwicklung und Erforschung von anderen Energiequellen halten nicht Schritt. Die nächste Krise ist vorprogrammiert. Genau 44 Jahre lang, berechneten die Experten, reichen die bekannten Weltvorräte an Erdöl, wenn der Verbrauch nicht weiter steigt. Doch er wird steigen : Mitte der achtziger Jahre bereits, so die Pessimisten unter den Energiefachleuten, ist die nächste Krise zu erwarten. In vielleicht schon einer Generation wird die Erde nach diesen Prognosen keinen Tropfen Erdöl mehr hergeben.

Die Förderländer haben den Westen aufgefordert, die Entwicklung anderer Energieträger stärker voranzutreiben, weil sie möglichst lange an ihren Ölvorkommen verdienen wollen. Doch für einen Durchbruch in dieser Richtung scheint das Erdöl noch immer nicht teuer genug zu sein. Selbst nach dem Schock der Verfünffachung des Preises vor drei Jahren schlug Washington sogar den westlichen Regierungen vor, ihrerseits den Ölpreis nicht unter ein bestimmtes Niveau absinken zu lassen, damit die Suche nach anderer Energie nicht wieder aufgegeben wird. Es sind tatsächlich in erster Linie die hohen Entwicklungs- und Produktionskosten für die Nutzung neuer Energien, die den Westen immer wieder aufs Öl zurückgreifen lassen.

Die Aufmerksamkeit der Experten gilt derweil verstärkt der Kernspaltung. Die jetzige Reaktorengeneration wirft allerdings die Probleme der Lagerung von radioaktivem Abfall und der Nichtverbreitung von Kernwaffen auf, wobei außerdem schon jetzt vorauszusehen ist, daß der Brennstoff Uran 235 schneller verbraucht sein wird als das Erdöl. Die nächste Generation von Reaktoren, die schnellen Brüter, erledigen zwar selbst ihre Versorgung mit Brennstoff, indem sie nebenbei das reichlich vorhandene Uran 238 in spaltbares Plutonium umwandeln, doch die Gefahr der Bombenherstellung wird dadurch vergrößert.

Ein für allemal gelöst wären alle Energieprobleme durch die Kernfusion. Für diese Verschmelzung von Atomen (im Gegensatz zu ihrer Spaltung) wird lediglich der überreichlich vorhandene Wasserstoff benötigt. Doch was in der Sonne oder in der Wasserstoffbombe geschieht, ist eine Sache - diesen gewaltigen Energieausbruch aber kontrolliert zu steuern, ist eine ganz andere.

Meldung im Spiegel von vor 1976

Heiße Flamme
Wenn die Energie-Rohstoffe in der Erdtiefe ausgeschöpft sind, wollen die Brennstoffexperten ins Wasser gehen : Wasserstoff, gasförmig oder flüssig, soll Kohle, Erdgas und Erdöl ersetzen.

Als am Abend des 6. Mai 1937 das deutsche Luftschiff "Hindenburg" in Lakehurst, USA, innerhalb weniger Minuten bis auf das Skelett verglühte, war dies das Ende der Zeppelin-Ära. Ausströmendes Wasserstoff-Gas, so urteilten später die Experten, habe die Explosion verursacht. Die Techniker, durch die Katastrophe verunsichert, scheuten sich fortan jahrzehntelang, das Unglücks-Gas zu Nutzzwecken zu verwenden. Erst neuerdings haben sie begonnen, sich vom "Hindenburg-Syndrom" (so ein US-Wissenschaftler) zu befreien. Seit NASA-Techniker Wasserstoff erfolgreich als Treibstoff etwa für die Mondrakete "Saturn V" benutzen, gilt die einst gefürchtete Substanz vielen Wissenschaftlern als verheißungsvolle Energiequelle - Wasserstoff, so schrieb jüngst die US-Zeitschrift "New Scientist", werde womöglich als "idealer Brennstoff" dereinst Kohle, Öl und Erdgas ersetzen.

Mit Wasserstoff, dem im ganzen Universum am häufigsten vorkommenden Element, könnten schon in naher Zukunft nicht nur Raketen, sondern auch Autos und Flugzeuge, Schiffe und Schienenfahrzeuge angetrieben, Wohnblocks oder Warenhäuser geheizt werden - so jedenfalls meinen Energie-Fachleute, die seit kurzem immer intensiver nach neuen Energiequellen suchen.

Bei der Suche nach einem Ausweg aus der drohenden Energie-Krise entdeckten die Wissenschaftler entscheidende Vorteile, die ein künftiges "Wasserstoff-Zeitalter" (so das US-Fachblatt "Chemical & Engineering News") zu bieten hätte :

+ Schier unerschöpfliche Wasserstoff-Reservoirs stehen auf der Erde zur Verfügung - Flüsse, Seen und Ozeane.

+ Wasserstoff läßt sich problemlos herstellen - teils in bereits vorhandenen Produktionsstätten, demnächst aber auch in Atomkraftwerken.

+ Die Verteilung des neuen Energieträgers würde keine Schwierigkeiten bereiten - Wasserstoff kann sowohl in Pipelines wie in Tankwagen oder Gasflaschen transportiert werden.

+ Bei der Verbrennung von Wasserstoff entstehen kaum nennenswerte Rückstände - die Umweltverschmutzung könnte somit erheblich reduziert werden.

+ Die Verwendung von Wasserstoff anstelle von Kohle oder Erdöl würde keine wesentliche Umstellung der gegenwärtigen Technologie erfordern - Wasserstoff-Gas kann beispielsweise in gängigen Gasöfen wie Automotoren als Brennstoff dienen.

Allerdings, noch kämpfen die Wissenschaftler mit einer Reihe von Hindernissen, die dem Anbruch einer Wasserstoff-Ära vorläufig im Wege stehen. Einerseits experimentieren die Techniker erst mit geeigneten Verfahren, Wasserstoff in großen Mengen zu möglichst niedrigen Kosten herzustellen; zudem ist auch das Problem, den flüchtigen Brennstoff gefahrlos zu speichern, noch nicht befriedigend gelöst. So gibt es beispielsweise noch keine dafür geeigneten Automobiltanks. Ein druckfester Wasserstoffbehälter, dessen Inhalt für rund 900 Fahrkilometer ausreichen sollte, würde fast ebensoviel wiegen wie ein Mittelklassewagen - etwa eine Tonne. US-Techniker konstruieren deshalb leichtere Spezialtanks, in denen tiefgekühlter, flüssiger Wasserstoff transportiert werden kann; doch auch diese Behältnisse sind noch viermal so groß wie gebräuchliche Benzintanks. Chemiker wiederum entwickelten ein Verfahren, bei dem Wasserstoff in einer Metallverbindung etwa als Magnesiumhydrid gespeichert und durch wohldosierte Erwärmung freigesetzt wird - eine zwar kostspieligere, doch nach Ansicht der Fachleute am ehesten praktikable Methode.

Als vergleichsweise teuer und technisch aufwendig erscheint bisher auch die Gewinnung von Wasserstoff. In Zukunft, so hoffen die Techniker, könnten Atomkraftwerke den elektrischen Strom dafür liefern- gleichsam nebenbei - für die Erzeugung von Wasserstoff durch Elektrolyse. Damit würde der Nutzwert der Atommeiler erheblich steigen. Aber auf absehbare Zeit wird der elektrolytisch hergestellte Kraftstoff die konventionellen Brennstoffe noch nicht verdrängen können. Erst in zwei oder drei Jahrzehnten, wenn Kohle und Erdöl immer knapper werden, dürfte nach Berechnungen der Fachleute Wasserstoff konkurrenzfähig sein. Vielleicht aber, so spekulieren Experten, werde sich der umweltfreundliche Energieträger doch schon früher durchsetzen - aufgrund seiner unbestreitbaren Vorzüge. Schließlich arbeiten Forscher in Europa und den USA derzeit an neuen, billigeren Verfahren zur Erzeugung von Wasserstoff. Techniker etwa am Euratom-Forschungszentrum im norditalienischen Ispra produzieren Wasserstoff durch Überhitzung von Wasserdampf in einem Kernreaktor, bei dem Verfahren ist die Wasserstoff-Ausbeute doppelt so groß, doch nur halb so teuer wie bei der Elektrolyse.

Eßlinger Zeitung, Meldung von vor 1976

Versuche m. d. unerschöpfl. Energiequelle s. ermutigend
<u>Das Wunder Wasserstoff läßt noch auf sich warten</u>

Ein Schwede hat es schon im Haus / Von Rainer Klüting
Olle Tegström ist sein Energiesorgen los. In seinem Haus in Härnösand an der schwedischen Küste erzeugt er die Energie sebst, die er für sich und für seine Familie braucht. Der Ingenieur produziert sein eigenes Gas zum Kochen, Wärme zum Heizen und meistens auch genug Strom für Licht und Fernsehapparat. Obendrein hat er sich den Traum eines jeden Autofahrers verwirklicht : Seine Tankstelle hat er im eigenen Haus !
Tegströms Verfahren ist so umweltfreundlich, daß es kaum zu übertreffen ist. Sein einziger Rohstoff ist der Wind, der einzige Abfall, den er erzeugt, kommt aus dem Auspuff seines Saab. Das, was er dort täglich auf seinem Weg zur Arbeit in die Luft bläst, hat er im vergangenen Jahr einmal in einem Bierglas gesammelt und dem schwedischen Königspaar zum Trinken gereicht. Carl Gustav und Silvia seien skeptisch gewesen, erzählt Tegström, aber sie hätten getrunken. In dem Bierglas war nichts als reines, destilliertes Wasser.
Wissenschaftler in aller Welt versuchen spätestens seit der Ölkrise Anfang der siebziger Jahre, Sonnen- und Wind-

energie speicherbar zu machen und sie dabei zu "verdichten".

Ein Weg dahin ist in Härnösand beschritten worden. Ein Windgenerator erzeugt Strom und spaltet damit nach dem altbekannten Verfahren der Elektrolyse Wasser in Wasserstoff und Sauerstoff. Ein großer Teil der Energie, die dazu nötig ist, läßt sich später aus dem Wasserstoff durch Verbrennen zurückgewinnen; dabei entsteht wieder Wasser. Lange Zeit war dieses Verfahren sehr uneffektiv, doch die Materialforschung hat in den letzten Jahren große Fortschritte gemacht. Auf der Welt-Wasserstoffkonferenz in Wien berichteten Wissenschaftler über Elektrolyseverfahren, bei denen sich 85% oder mehr der eingesetzten Energie in Form von Wasserstoff einfangen lassen.

Tegströms Wasserstofftanks sind Produkte einer Forschung, an der Daimler-Benz mit staatlichen Forschungsgeldern seit 1973 arbeitet.

Während die Skandinavier den Wind als Rohstoff wiederentdeckt haben, setzten in anderen Ländern die Forschung im Umfeld der Wasserstofftechnik meist bei Sonnenenergie an. Besonders für Europäer scheint der Gedanke reizvoll zu sein, sich die Sonnenwärme in Form von Wasserstoff aus den breiten Wüstenzonen der Erde heranzuholen. Vor allem Wissenschaftler aus der Bundesrepublik träumen von einer Welt-Wasserstoff-Wirtschaft, in der irgendwann nach der Jahrtausendwende auf den alten Ölwegen Wasserstoff nach Europa transportiert wird.

Auf einer Fläche von 8% der Sahara könnte die Hälfte des geschätzten Welt-Energiebedarfs des Jahres 2030 in Form von Wasserstoff erzeugt werden, hat die Deutsche Forschungs- und Versuchsanstalt für Luft- und Raumfahrt DFVLR ausgerechnet. Aus dieser Quelle könnte für die Industriestaaten der Ersatz für das Öl und für viele Ölstaaten der Ersatz für die Petrodollars fließen, meinen die Wissenschaftler.

Die Forschung auf dem Gebiet der Erzeugung, der Speicherung und der Umwandlung des Wasserstoffs in Hitze (durch Verbrennen) oder Strom (in sogenannten Brennstoffzellen) ist Forschung für das nächste Jahrtausend - darin waren sich in Wien alle Wissenschaftler einig, auch wenn sie meinten, daß großzügigere Förderungen von Pilotprojekten den Entwicklungsprozeß beschleunigen könnten. Schließlich ist es nicht sehr sinnvoll, so lange zu warten, bis das Öl knapp und wieder teuer geworden ist, ehe man sich an die Entwicklung einer Alternative macht.

Doch der Traum von einem weltweiten Energiehandel auf Wasserstoffbasis stößt nicht überall auf Begeisterung.

Den Franzosen beispielsweise war der enthusiastische Internationalismus ihrer deutschen Kollegen fremd. Sie setzen, wie Olle Tegström, auch für die Zukunft auf Autarkie. Die Wasserstoffherstellung stellten sie als ideale Möglichkeit vor, ihre Kernkraftwerke auch in Zeiten niedrigen Stromverbrauchs auszulasten. /// /// ///
Bemerkung (vom August 2000). Selbst die modernen Windräder die heute einen Teil zur regenerativen Energiegewinnung beitragen; werden abgelehnt. Die einen sagen sie verschandeln die Landschaft, die anderen behaupten sie machen zuviel Lärm. Beides ist Unsinn. Sie sehen elegant aus und sind besser als Kohle-, oder Kernkraftwerke. Die Leute die meinen, daß die Landschaft verunstaltet wird sind womöglich die gleichen, die bei einer Hollandfahrt mit viel ohh und ach die alten Windmühlen bewundern und dabei vergessen, daß sie nicht zu Touristenattraktionen gebaut wurden, sondern um Arbeiten zu verrichten. In der Hauptsache um Polder zu entwässern. Und wer einfach behauptet, daß die modernen Windräder "Krach" machen, hat sich noch nie die Mühe gemacht sich über die Geräuschkulisse vor Ort zu informieren. Bei meinem Besuch in einem Windpark, trällerte dort eine Lerche im Flug ihr Lied. Der kleine Piepmatz war ein paarmal lauter als alle 5 Riesenwindkrafträder zusammen!

Eßlinger Zeitung , Meldung vom Samstag 29. Jan. 1977

Mit reinem Wasserstoff

Ein mit reinem Wasserstoff "gespeistes" Antriebssystem ist von sowjetischen Ingenieuren erstmals in einem Moskwitsch-Modell erfolgreich erprobt worden. Den Benzintank ersetzte ein Miniaturreaktor, in dem sich metallisches Pulver mit eingespritzem Wasser zu Wasserstoff verbindet. Explosionsgefahr besteht nach Mitteilung der Ingenieure nicht. -a.m.t-

Bild Zeitung

An dieser Stelle waren noch zwei kleine Meldungen aus der Bild Zeitung, eine von 1972 und die ander von 1974 mit den Titeln :
"Das Auto, das mit Wasser fährt" und
"Fahren Autos bald nur mit Wasser?"
vorgesehen.
Doch eine Nachdruckerlaubnis wurde von der Rechtsabteilung der Axel Springer Verlags AG nicht erteilt!

www.ingramcontent.com/pod-product-compliance
Lightning Source LLC
Chambersburg PA
CBHW050211230526
45470CB00001B/331